夜观星空
DARK SKIES

旅 行 者 的 天 象 书

中国地图出版社

Content 目录

Foreword
前言

菲尔·普莱特
（Phil Plait; 又称"蹩脚天文学家"）

终于到达科罗拉多西部的度假农场时，我俩——妻子和我——已经因为连续驱车好几个小时筋疲力尽了。这段翻山越岭的路程虽然精彩无比，却漫长得仿佛没有尽头，停车时太阳已经开始西沉。

我们在暮色中吃过晚餐，还没来得及打开行李，天光就消失了，木屋窗户外漆黑一片。我建议直接睡觉，可玛赛拉（Marcella）不同意。"我想看看天空。"她说。如此诱惑我怎么能抵抗得了呢？我们翻出外套和红光手电筒，迎着冷冽而稀薄的空气，沿着木屋后面的小溪开始散步。

我们循着一条小径谨慎前行，睡意和陌生感拖慢了我们的脚步。科罗拉多乡间有许多野生动物，我始终对周遭保持着警惕，确保道路前方和树林深处没有不速之客。

走出几百码后，小路前方豁然开朗，我们来到一片空地。我依然警惕地扫视着周围，看是否有动物出没，就在这时，我听到妻子倒吸一口冷气的声音。我转身，看见她关掉了手里的电筒，仰头注视着天空，张着嘴，整个人都呆了。我也关掉电筒，循着她的目光抬起头，心中已经知道自己会看到什么。果然。

成千上万的星星正向我们洒下星辉。平日在家连影子都难得一见的银河，此刻仿若庞大建筑一般横跨我们的头顶。那么多若隐若现的星星都大喇喇地悬在那里，让我一时间竟有些无所适从，要知道我做了一辈子天文研究者，曾在夜空下度过了成千上万个小时。

万千思绪瞬间涌入我的脑海，竞相表达着敬畏、

惊叹和美妙。可玛赛拉却能将所有这一切高度凝练成一个悠长的叹息。"天啊……"她喃喃道。我微笑着赞同她。这景象太让我怀念了!

重要的是,我如此幸运。我知道我在怀念着什么。

2016年,《科学进展》(Science Advances)上发表了一篇研究论文,标记出人造光在天空形成投影的分布图,并与人口分布加以对比。结果很惊人:全球约80%的人口生活在遭受了光污染的天空下。在美国,这个数值直接跳升到99%。数亿美国人在走出房屋抬头仰望时,能看到的星星寥寥无几。那些穿越了千百年来到我们眼前的光,那些宇宙的珍宝,被我们从生活中抹去了。

当然,夜间照明很重要。我们人类并不适应被太阳束手束脚的生活,我们的文明活动已经渗透到了黑夜,我们需要看到自己在做什么。这本身并不是问题——问题在于那些被浪费的光,它们不是向下照亮我们身边的空间,而是投上天空,冲淡了星光。千百万人在这样的夜空下长大,这片天空宛如充满盐碱水的溶洞,毫无生气。

显而易见,整个宇宙就悬在那里,我们却一直在错过它。即便在我们自己的大气层内,也有许多精彩可看。流星是由经过的彗星留下的微小星际碎片形成的,它们以超音速狠狠插入大气层,在我们头顶上方50英里(80公里)处燃烧。极光流动闪烁,是来自太阳的风与更高处空气中的微粒冲撞生成电子流的瀑布,围绕着它们原本的原子宿主跳跃,激发出数量多得难以计数的闪亮光子。

大气层之外,还有卫星在它们的近地轨道上飞行,有行星环绕着太阳,有恒星、星团和星云,有不可计数的星系,伸出手臂举起一颗沙砾都会遮挡住成千上万颗星星。

这,就是我们一直在错过的。然而好消息是,情况可以得到改善。

黑暗天空倡导者们正在逐渐获得关注,他们能够说服当局,并非一定要减少照明,我们需要更有智慧的照明——灯光应当照亮地面,而非天空。指定的黑暗天空地区正在逐渐增加、得到关注,更多的人开始了解观星旅行,开始走进人烟稀少的地区去仰望天空。

更棒的是,要观看天空,你不是非得远行不可。有时候,近在咫尺的一扇窗口便已足够。在任何地方你都能看到月食,看到地球的影子如何缓缓遮挡住月亮。至于日食,就必须在白天才能看了。哪怕是在大城市的市中心也能看到行星,而使用最简单的光学设备观赏月球也能给人极大乐趣。

尽管如此,还有更多可看的,还有更多地方可以去看。这本书最值得推荐的就是瓦莱丽·斯蒂麦克(Valerie Stimac)的旅行指南信息。她可以向你展示该如何走出去,找到最适合你的地方,去亲身体验所有这些在天空中等待着你的精彩。跟随她的建议,整个宇宙就会在你的面前展开。

那个夜晚,我和妻子站在遥远的科罗拉多州落基山脉的那片空地上,目瞪口呆,默然无言,沉醉在茫茫群星之中,一个熟悉的念头划过我的脑海。每当我们想要逃离拥挤的、过度照明的城市和城郊,去往某些偏僻、宁静、黑暗的地方时,我们会打趣地说:"逃离一切吧。"

然而事实恰好相反。从这些灯光下逃离,你不会有任何损失,除了一片空洞的天空。当你去往黑暗的地方,你头顶的整个宇宙将填满那片空洞。你并没有逃离,而是正朝着它前进。

Introduction
引言

瓦莱丽·斯蒂麦克

当银河铺天盖地笼罩苍穹，当流星划破天空，当火箭摆脱重力的牵绊离开地球，我们总会被一种惊奇与敬畏感触动。在地球的大气保护罩之外还有无穷无尽的宇宙，这让我们神往，也令我们自觉渺小。宇宙之大，几乎超出了我们的理解范围，尽管科技的发展帮助我们逐步增进对卫星、行星、恒星的了解，可一旦脱离地球这颗行星，我们依旧很难想象，在太阳系、银河系乃至整个宇宙中，还有多少他处他乡。

地球上的自然界给我们的惊喜无穷无尽：珠穆朗玛峰、尼亚加拉大瀑布、亚马孙平原和无数其他令人敬畏的自然美景，都被我们列入一生必至的清单。可不知为什么，"夜空"这一值得探寻的自然体验常常被人遗忘，哪怕它的壮丽无垠甚至远超一切陆地奇观。千百万年来，恒星在天空盘旋，行星在飞舞。欣赏这样的盛景一向都是这颗星球上全人类的夜间惯例，近年来才被打破。我们常常为游览新的城市、品尝新的食物而安排长途旅行，对天文景观和星空体验却少有问津。或许年幼时出门看过星星，或许在学校里学过些天文学知识，可我们从来不亲自走出去探索它。错过本书列出的那些得到认证的黑暗天空公园，对流星雨或日食、月食视而不见，与那些天文奇景失之交臂，是人类对一种神奇体验的主动放弃。不到一百年前，遥望清朗夜空还是人类与生俱来的权利，可如今，全球每一座城市的居民都已被剥夺了这项权利。但是，只要去找，它依旧有迹可循。

是什么将人类的注意力吸引到了夜空中？看起来，天文学很可能从史前时代就已经生根发芽，最初的智人就已经开始意识到，太阳、月亮和群星的运转不是随机无序的。宗教信仰的建立，也往往在于试图找出这些模式所代表的意义，想要借此理解自然现象。这些宗教信仰直到今天还与天文有着紧密的关联，具体体现在占星学（认为恒星和行星的运转、方位对于我们的日常生活有着直接的影响）的实践上。

更现代一点的解释可能会说，虽然我们很难拿出确切的科学证据来证明地球以外还有"更多东西"，可人类探险与扩张的本性依然会驱使我们将目光投向群星。进入21世纪后，我们的努力与投入似乎很快就能将人类带往其他星球，至少是太阳系内的星球了。我们花费了若干个世纪来研究夜空，但探索它的时代不过刚刚开始。

要享受夜空，最简单可行的方法就是观星，抬头仰望星座与恒星，有的肉眼可见，有的则要借助望远镜。天文学的历史可以追溯到将近5000年前的青铜时代。尽管那段历史并未留下太多记录，可是天文考古学家们已经发现的一些证据和遗址显示，早在人类历史最初的阶段，人们就已经开始关注夜空，试图记录下观察到的规律。几乎每一个时期的主要文明都涉及天文研究。已经证实与天文观测研究有关的早期文明遗址出现在各处，包括墨西哥尤卡坦半岛 (Yucatan) 的乌斯马尔 (Uxmal) 和奇琴伊察 (Chichen Itza)、查科峡谷 (Chaco Canyon, 见100页)、埃及金字塔、英国巨石阵等。

诸如苏美尔、巴比伦和印度等早期文明留下的研究成果依然被运用于如今的天文学中。若干世纪以来，来自中国、伊斯兰国家、埃及和欧洲的天文学家将彼此的研究成果交流融汇，夯实了天文学成为一门科学的地基。中世纪时，伊斯兰世界的天文学家们在推动天文学发展上成效卓著。正当天文学在亚洲被投入实践运用之时，伊斯兰世界的天文学家们则致力于将古希腊的天文学基础著作翻译成拉丁文，这些著作大都出自亚里士多德、欧几里德和托勒密等思想家之手。得益于此，欧洲的天文学家们才能够在这一传承几乎断绝的情况下重新走进天文学科的领域。伊斯兰天文学家们还创造出了一些极为精密的历法、预测模型，并留下了人类历史中对于天文现象的观察结果。

此后，在文艺复兴时期的天文学家尼古拉斯·哥白尼 (Nicolaus Copernicus) 的推动下，一场科学革命兴起，从根本上改变了人类在15世纪、16世纪时对于天文和科学的认知。尽管据传早在数百年前，希腊天文学家托勒密就已提出"日心说"，可哥白尼再一次提出"地球围绕太阳旋转"的理论时，依然引发了人类历史上最大的争议。包括伽利略、开普勒、牛顿在内的物理学家和天文学家借助这个全新的模型，将我们对宇宙的理解向前推进了一大步。

经历了初期天主教会的抵制与阻拦，哥白尼的理论终为世人所接受，有关天文学和天体物理学基本原理的知识开始在全球范围内普及。哥白尼的革命自然也催生了一系列科学定理定律，帮助人类了解夜空和我们生活的这个地方。在17世纪到20世纪之间，随着这些新定理定律所确认的天体和现象一一得到证实，天文学家的观测发现也呈指数级增长。这些发现涵盖我们太阳系内的行星、卫星、小行星、彗星，乃至更加遥远的星系、星云、系外行星和黑洞。新观测技术的发展也加快了天文学的发现。自1608年被发明以来，简易望远镜就大力推动了人类对天空的观测。虽然宗教与科学对于太阳系和宇宙的信念始终存在不可调和的分歧，但绝大多数分歧都并未影响人类对于行星和卫星、小行星、彗星、星云、超新星乃至于星系的认识发展。

20世纪期间，天文观测技术获得了重大改进，随着爱因斯坦在广义相对论和狭义相对论上取得的突破，我们的天文理论也得到了相应的发展。我们见到的星光来自恒星和行星，它们穿越太空抵达地球，也就是说，理解光的运动方式对于理解天文学至关重要。在多个人类文明和数世纪天文学积累下的巨大遗产之上，科学家们已经能够就宇宙起源提出最深刻的问题，并且能够基于观测数据和已经建立的理论模型做出精确的回答。进入21世纪以来，我们对夜空的理解越发深刻，然而依然有许多东西我们无从发问。当抬头仰望夜空中的群星与星系，我们看到的是处于超新星阶段的衰老恒星的死亡，是恒星星云（有时也被称为"恒星育儿所"）中年轻恒星的诞生，在某些情况下，我们还能看到本不可见的黑洞对周围空间的影响。

20世纪的太空竞赛在某种程度上也是由人类想要接近其他星球的欲望驱动的。诸如人类第一次进入太空或登上月球这样的里程碑之所以意义非凡，也正是因为它们代表着冲出地球——这个我们千百万年来称之为"家园"的自己的星球——的重要一步。人类竞相朝着太空进发，不断发射人造卫星、太空飞行器、太空望远镜和探测车，更深入地探索宇宙，以期进一步理解宇宙是如何运转的。

20世纪后半叶到21世纪初，黑暗天空保护运动逐渐兴起。在国际黑暗天空协会（International Dark-Sky Association）这样的国际组织，加拿大皇家天文学会（Royal Astronomical Society of Canada）这样的国家机构，以及地方性机构、倡导团体等诸多力量的推动下，对于现存黑暗天空的保护逐渐得到重视，在某些地方，还可能通过对公共设施的规划和照明设备的更换，帮助天空恢复一定的暗度。本书中提到的许多地方都是注重保护黑暗天空的目的地，其中一些在保护黑暗方面所做的工作已经得到了认证。如果你觉得自己见过夜空，但从来没有在一个拥有真正的黑暗天空之地抬头仰望，那么，能令你铭记一生的惊喜正在等待着你。

我们头顶的天空是自然遗产，同时也具有文化属性。天文学和观星活动是人类历史的重要组成部分，它们能将我们带回古老的神话中，提醒我们宇宙是多么浩瀚无垠，还藏着多少神秘的未解之谜。目睹银河纵横天际，彗星在我们的大气层内燃烧、留下残骸，极光明灭闪烁，我们会对太空和身之所在有更深刻的理解。本书将帮助你亲身体验所有这一切，乃至更多，让你得以亲眼窥见一些天空的奇迹。无论是出国旅行，还是就在自家后院，花些时间享受天空，更深入地了解和欣赏我们身处的星球和整个宇宙吧。

How to Use This Book
使用指南

本书根据旅行地点和目的分为几个部分，诸如你是否能在某个特定保护区观看黑暗天空，近距离欣赏流星雨、月食、日食或是极光等自然现象，或是以某个大型天文望远镜或天文台为目的地。你甚至可以考虑体验一次亚轨道太空游！又或许，你哪里也不去，只是站在自家后院里仰望头顶的天空。在每个部分里，你都能获取与太空相关的各种活动信息，继而了解应当在哪里及如何获得这类体验。

观星 聚焦欣赏黑暗天空的基础知识。在这部分，你会读到一份综述，介绍如何观星，以及在夜空中能找到哪些星体等。你在这里也能找到关于"城市观星"的小窍门，无论住在哪里，大多数人都能实现。此外，还有如何加入观星相关团体的信息，比如加入天文俱乐部，参观天文台，以及参加观星活动。你还能学到拍摄夜空的小窍门，了解如何通过"公众参与"项目来回馈社会。这一项目依赖于地球上的普通民众，对一些关于太空最重要的问题进行分析和寻求解答。这是你揭开天空神秘面纱的初级课程。

黑暗天空保护地 精选全球36处最出色的观星和夜空体验地加以介绍。虽说这一部分内容谈不上详尽，却已经列出了全球所有已经得到认证的黑暗天空保护地。这些认证地都采取了特别的措施以减少光污染，确保只要天气晴朗，你就能够看得到星星（如果遇上多云的夜晚，老天也帮不了你了，抱歉）。本章节中还列出了一些尚未得到正式认证的地点，但它们在观星和天文旅游方面无不拥有独特的吸引力。

运转中的天文场馆 聚焦可近距离接触太空科学的目的地和体验地。在这个部分，你将了解到全球顶级的科研机构和天文台。其中大部分都对公众开放（尽管通常是限定好的行程），也就是说，你可以安排一场前往相关地区的旅行，甚至是纯粹以天文学为目的的旅行。

流星雨 就全年最稳定、最令人难忘的一些流星雨加以介绍，涵盖了所有你需要知道的信息。流星雨每年都遵循规律的时间表出现。你可以学到它们背后的相关科学知识，了解流星雨出现的时间、活动最密集的夜晚，以及在夜空中什么地方可以看到流星。

极光 介绍另一种值得专门为之出行的惊人天文现象：绝美的极光。这一部分又细分为两个部分，分别聚焦发生于北半球和南半球的极光。你将得到一份关于观赏极光的详细时间、地点的指南，其中囊括了通常能够看到极光的每一个国家的相关信息，以及一部分在磁暴活动最强烈时有可能（但极为罕见）看到极光的地点提示。

日食与月食 介绍有关日全食的科学知识，以及未来10年内日全食的预测时间表。如果你还从没见过这样的景象，那么，这就是一份入门指南，告诉你该如何安排一场旅行，变身日食或月食追踪者。你将了解到每一次日食或月食出现的完整轨迹，外加如何前往这些地点，以及当日食结束后你还能在该地区拥有怎样的旅行体验。

火箭发射 将带你体验观星旅行不同的另一面：发射火箭。世界各国都在积极发射火箭，不断将设备、补给和宇航员送往太空，而你有机会参观全球各地的发射基地。

太空旅行 探讨未来人类进入太空的课题——其中也包括你! 在这一部分里，你将了解到，在快速发展的太空旅游市场里有哪些主要运营者，以及部分常见目的地和进入太空的体验项目。

无论是去参观专业的天文台，加入"太空营"，观看一场流星雨，抑或只是抬头辨认头顶的星座，它们都将为你展开一个超乎想象的世界。本书并非天文学的百科全书，也不是涵盖全球所有太空体验项目的综合指南。还有许多地点本书并未收录，但你同样可以在那里欣赏极光、看黑暗夜空中的流星与恒星，惊叹于那些能够让人类跨越星球的聪明才智。不妨将这本书当成一枚火种，让它点亮这样一个念头：在太阳下山以后，你还可以前往下一个目的地，为某项夜空体验额外留出几天时间，或者安排一场旅行，去享受暗夜奇观，无论是在世界的哪一处。

观星
Stargazing

注 释:

1. 心脏星云
2. 英仙座双星团
3. 鸢尾花星云
4. 象鼻星云
5. 勒让蒂3星云 暗星云
6. 北美洲星云
7. 北煤带星云 暗星云
8. 帷幕星云 超新星遗迹
9. M56 球状星团
10. M27（哑铃星云） 行星状星云
11. M71（箭头星团） 球状星团
12. 土星 行星
13. M16（鹰状星云） 发射星云
14. M17（ω星云） 发射星云
15. M25 疏散星团
16. M28 球状星团
17. M22 球状星团
18. M20（三叶星云） 发射星云
19. M8（礁湖星云） 发射星云
20. M9 球状星团
21. 木星 行星
22. 巴德窗
23. M6（蝴蝶星团） 疏散星团
24. M7（托勒密星团） 疏散星团
25. 谷神星 矮行星
26. M19 球状星团
27. M107 球状星团
28. 星空调色盘 反射星云、暗星云复合体
29. M4 球状星团
30. 斑节虾星云 发射星云
31. 烟斗星云 暗星云
32. M14 球状星团
33. M10 球状星团
34. M12 球状星团

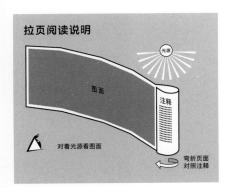

拉页阅读说明

图面
注释
光源
对着光源看图面
弯折页面
对照注释

弯折线

弯折线

弯折线

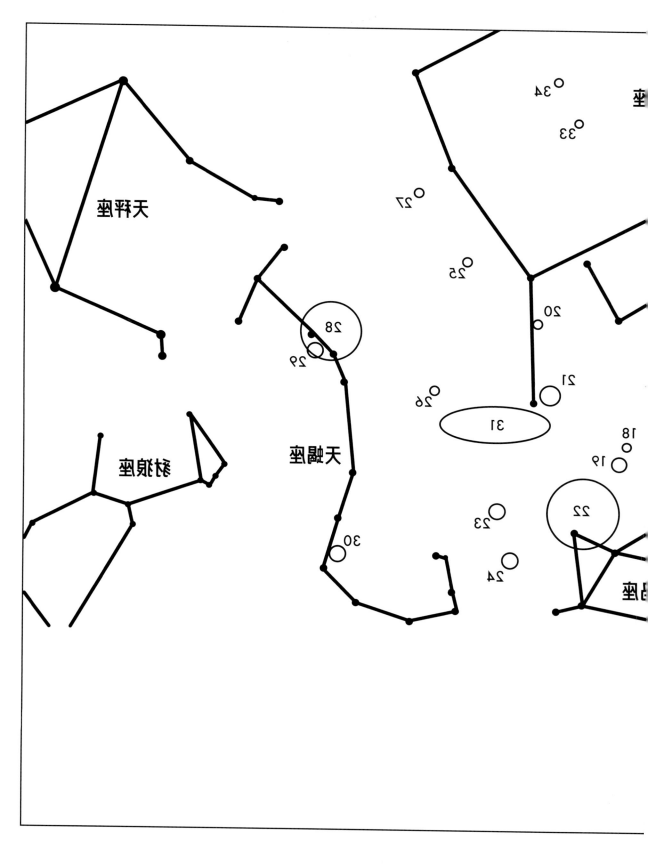

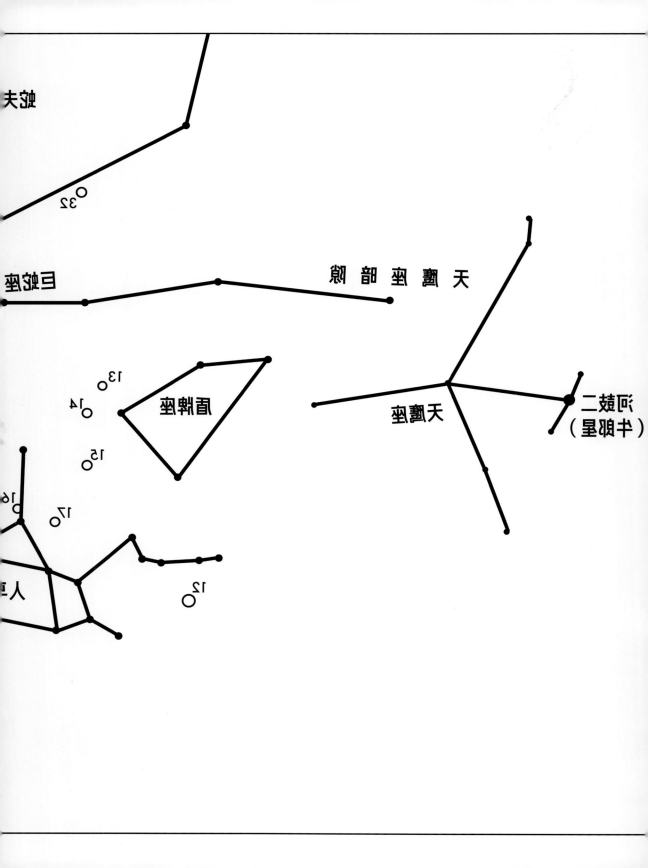

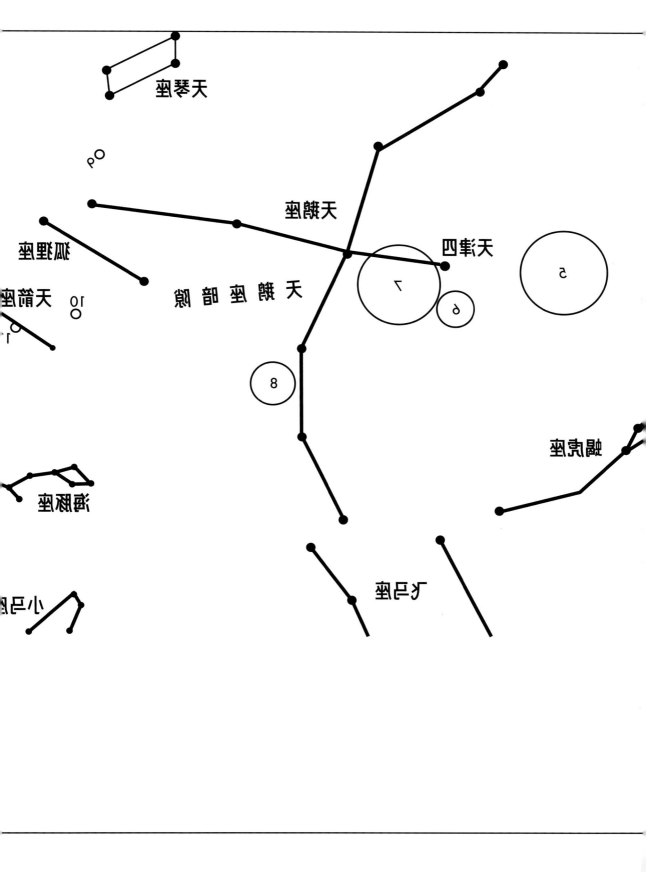

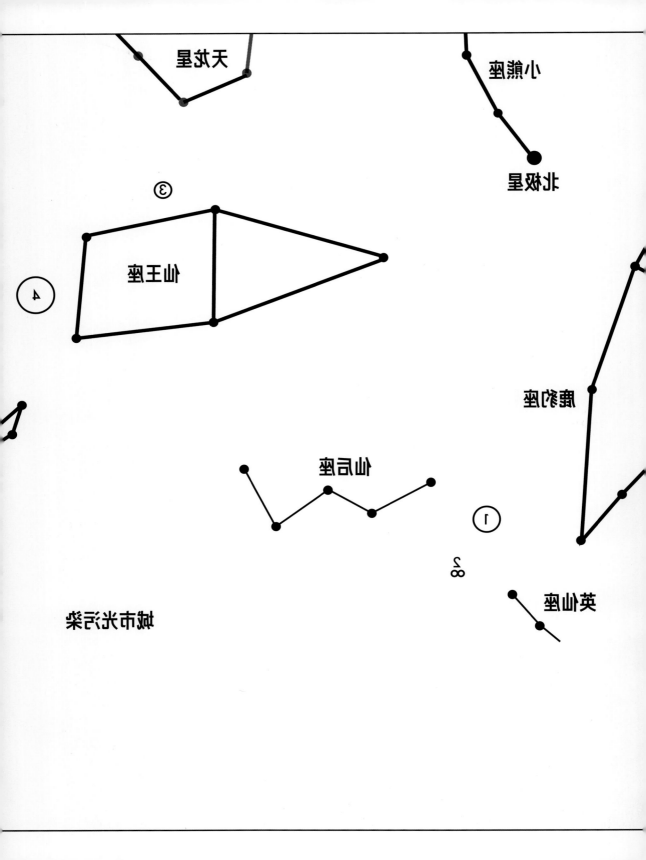

INTRODUCING THE STARS
观星入门

夜空是世界上最美妙的奇景之一,仰望夜空则是最容易获得的精彩体验之一。但是人们初次探寻深邃的夜空时,可能会因不知从何开始而茫然。

从单一的恒星和行星到星座,甚至是星系团,天空充满无尽乐趣。关键在于熟悉夜空,知道应该往哪里看。仰望夜空,首先要做的就是寻找能帮助我们确定方位的单一恒星以及星座。星座是由若干从我们所处的地球上看去彼此距离很近的恒星组成的,不过它们在宇宙中可能相距数百万光年。我们的祖先曾经根据这些恒星构成的图案来解释自然现象,构思各种传说与神话,在人类历史中代代相传。

如今,我们借助星座将天空划分成若干区域,更便于观察和学习。北半球和南半球能观察到的星座不尽相同。每个月、每年、每个世纪,夜空中的每一颗星都按照自己的运行轨迹移动,从地球各地能看到它们的时间也不一样。在北半球,北极星是主要的定向星,天狼星则是夜空中最亮的恒星(更亮的只有月球,以及金星、木星等行星,有时候也包括火星)。在南半球也能看到天狼星(Sirius),还有半人马座阿尔法星(Alpha Centauri),后者是一个多星系统,是离我们最近的天体邻居,相隔"仅"4光年。

目前,夜空被分为88个星座,这是宇宙(或许我们应该说地球)公认的。在人类历史发展的数个世纪里,出现了数百个被命名的星座,它们常常彼此交错重复,因此天文学家通过筛选划分,于1922年确立了现有的星座名单。其中一些星座你可能很熟悉,例如大熊座(Ursa Major,包括北斗七星)、猎户座(Orion)和天鹅座(Cygnus,也被称为北十字星)。对于现代观星爱好者而言,其他星座较难观察到,且更为模糊难辨,不过手机应用程序可以清晰展示这些星座。每个季节都对着夜空辨识最常见的星座,这样能提升你对夜空的熟悉程度,从而开始探索宇宙深处更为惊人的奇观。学习辨认可见行星是另一种与头顶璀璨星毯建立联系的绝佳方法,你可以寻找伪装成启明星或长庚星的金星,或者留意明亮的木星。

© Dick Tang / 500 px

How to Stargaze
如何观星

很多人在孩童时期就得到了观星启蒙教育，父母或老师会将夜空中最有名的恒星和星座指给他们看。虽然这些恒星和星座的名称在不同的文化里或时代中有所差异，这些启蒙都将为日后的观星活动打下坚实的基础。如果你在儿时没有机会观星——或因为没有指导老师，或因为所处的城市无法看到星空——现在是时候开始了。在地球上，要享受大自然，观星是最容易的方式之一：需要的只是你的眼睛和黑夜！

在开始观星之前,不妨对头顶天空的可见星座做些研究,具体取决于你所处的位置以及观星的月份。好在天体在宇宙中的运动轨迹是可以预测的,有很多工具可以帮你在观星前了解夜空究竟是什么样的(若你对历史上某个重要日子感兴趣的话,这些工具也能呈现当时的夜空情景)。你可以查看星图,或使用星象观测仪(stellarscope)来研究星空。星象观测仪类似一个小型望远镜,不过你可以将夜空地图盘插入筒中,然后在筒身上选不同的设置,就可以在日落前透过取景器看到夜空。一些网站也能提供帮助,你可以输入所在地点,计划观星的日期和具体时间,就能看到对应的模拟夜空图。In-the-Sky.org是进行这方面研究最有用的网站之一。还有很多手机应用程序也提供类似的服务。

除了等待晴朗无云的夜空外,在制订观星计划时也应该避开每个月的满月时间。月亮是夜空中最亮的物体,满月时,它的亮度达到最大,会妨碍我们观星及其附近的天体。可以将观星安排在新月前后20天的时间里,此时夜空最暗,能看到最多的星。

一旦太阳西沉,就可以开始观星了,你要做的就是找到一个天空足够黑的地方。在21世纪的大多数城市里,这是不可能的,所以你恐怕需要离开城市前往本书提及的地方,或者在网上查找你家附近适合观星的地点。如果你居住在城外,或许可以关灯,让自己的眼睛适应黑暗后,在室外观星。无论哪种情况,你的眼睛都需要20分钟的时间去适应黑暗,这期间,不要看任何光亮或发光设备。等眼睛完全适应后,你会看到比你一开始意识到的更多的星星。

正式开始观星时,有很多目标可以寻找。在北半球,其他恒星看上去都围绕北极星旋转——根据你观星所处的纬度,北极星位于正北方,或者在你头顶上方向北的位置。天狼星是夜空中最亮的恒星,确定好方位后,你可以寻找它。天狼星属于大犬座(Canis Major),每年新年之际,它处在最高点。在南半球,半人马座(Centaurus)的阿尔法星是天空中最亮的星之一。

观星时,你也可以寻找我们所处太阳系的其他行星。无须望远镜,肉眼就能看到五个行星。水星是最难观察到的行星,因为它尤其靠近太阳,不过如果你在正确的月份、正确的时间观星,就有望在日落时分的地平线附近看到水星。金星是天空中最亮的行星,也是夜空中第二亮的物体(仅次于月亮)。金星呈现独特的黄白色,所以很容易辨认。在地球上也能看到火星,它是与我们相距最近的行星邻居。火星在天空中通常像一个橙色的圆点,很醒目,易于观察。木星作为最大的行星,在夜空中显得格外明亮。一旦你知道要找什么,就连土星也很容易辨认。遗憾的

© Myron Standret / Alamy Stock Photo

观星所需装备:

保暖的衣服:日落后气温往往会降低,需要添加衣服保暖。

毯子或铺布:最简单的欣赏夜空的方法是仰卧,如果站立着抬头看,脖子会受伤。

红灯照明:如果在做准备或观星时需要照明,务必使用红灯,或者用红色塑料包装纸将手电筒遮住。我们的眼睛对黑暗的敏感度受红光影响较小,这意味着红光不会妨碍观星。

(可选)单筒望远镜或双筒望远镜:如果想要观察肉眼看不到的物体,你需要能额外放大倍数的工具。你也可以参加观星聚会,社团成员能免费使用望远镜。

是,如果没有双筒望远镜或单筒望远镜,你无法看到海王星和天王星,有了专业设备的帮助,这两大行星就很容易找到,而且会让你赞叹不已。

无须辅助工具,你也能在夜空中看到其他物体。最重要的是银河,我们所处的星系如同一条云带横跨天空。这些可见的"云"其实是我们星系中的数百万恒星和类太阳系构成的。我们处于银河系距离核心较远的螺旋臂内,随着自身的运行轨道和位置的变化,在一年中的不同时间里,能看到大量天体邻居——构成银河的诸多星系。数千年来,我们的祖先几乎每天晚上都能看到银河,但城市化以及光污染使得大多数居住在发达地区的人难以看到银河。这也使得离开市区、了解我们在宇宙中的位置和分量显得越发重要。

我们也可以在夜空中看到其他星系。南半球可以看到大、小麦哲伦星云(Large and Small Magellanic Clouds,简称LMC和SMC),在空中是两小块云状区域。在天文导航的时代,毛利人、波利尼西亚人和非洲科伊桑人的文化中都提到了大、小麦哲伦星云。在古代斯里兰卡,我们现在已知的遥远星系被称为Mahameru Paruwathaya或"大山",因为它们看起来就像是遥远山脉的峰尖。后来到了9世纪,伊斯兰天文学家对它们进行了编目。

没有月亮的夜晚,在地球上

> 木星作为最大的行星,在夜空中显得格外明亮。一旦你知道要找什么,就连更小也更暗淡的土星也很容易辨认。

也能看到仙女座星系(Andromeda Galaxy)。它距离我们250万光年,宽度几乎是大麦哲伦星云的10倍,是离我们最近的大星系。你也能看到流星雨和彗星划过地球,或者见证日食、月食的过程。通常情况下,这些天文现象都会被广泛报道,例如1997年海尔-波普彗星(Hale-Bopp)经过地球。

你也能看到绕着地球旋转的人造物体,国际空间站(International Space Station,简称ISS)就是其一,它在地球上方248英里(400公里)处不停绕行。因为距离很近,所以无论是白天还是夜晚,都能看到明亮的国际空间站平稳地从我们头顶经过。

Getting Involved
置身其中：加入观星爱好者活动和前往天文台学习

倘若你有兴趣在天文学上投入更多时间，最佳方法之一就是加入当地的天文俱乐部。大多数人甚至不知道所在地区有天文俱乐部，但业余天文爱好者遍布天下，他们会时不时举行

聚会，分享对宇宙的看法，一起观星。多数天文俱乐部会组织富有教育意义的活动，例如讲座、会谈，或者是举办社交、观察活动，成员可以带上自己的望远镜一起观星，或者是提供面向公

众的外展服务，向社区民众介绍天文相关知识。要参加当地天文俱乐部，你可能需要交一笔小额年费，但这笔费用通常是用于支持上述活动的展开以及天文研究的。

想要更深入地了解无法用肉眼看见的深空物体，或者更近距离地观察这些物体的另一种方法就是去当地天文台。天文台是科学或社区机构，拥有一台或多台能研究夜空的望远镜，并且能让公众了解天文相关知识。一般情况下，几乎所有的天文台（包括私人的）都在晚上对外开放，你可以在天文

观察某些天体，最好的方法就是使用天文台的望远镜。

学家或志愿者的帮助下借助器材观察夜空。

全球各地都有天文台，通常远离灯光璀璨的大城市，位于黑暗天空地带。只有在极个别的情况下，你会发现设在城市里的天文台，它们早在周边城市发展起来前就已经存在了！你可能会思索，去一趟天文台是否值得。要知道，大多数天文台拥有的望远镜比你自己能买到的高级得多。观察某些天体，最好的方法就是使用天文台的望远镜。如果你住在城市里，无法去能看到纯粹夜空的地方，那么当地的天

© M.Quinn / NPS

文馆就是很好的选择。像美国自然历史博物馆（American Museum of Natural History）的罗斯地球与太空研究中心（Rose Center for Earth and Space）这样的天文馆就非常优秀，尽管它处在受光污染影响的市区，也依然值得造访。

有些天文台会与当地天文俱乐部合作举办观星活动。在这种活动中，当地的天文学家会带上自己的望远镜，每个人观察天空中不同的物体。如此一来，你有机会在夜空中看到很多肉眼无法见到的迷人物体，例如遥远的星系、星云和部分行星。

如果你住的地方与天文台或天文馆相距甚远，也很难前往足够暗的地方欣赏夜空，在市区观星也并非不可能。如果调整好心理预期，了解由于光污染在城市里无法看到很多星星，那么在晴朗夜晚观星不啻为有趣的活动。在光污染影响下，人们只能看到夜空中最亮的那些星体，所以你得先熟悉那些能被看见的行星（例如火星和土星），在制订观星计划时留意月相。满月本身也是一种光污染，在已经受光污染影响的地区，这会进一步加剧观察星座、行星或流星的难度。

你得找一个受光污染影响较小的地方。尽管无法减少头顶上方的光照，但是请务必远离灯光直射的环境，或者找一个可以遮蔽光源的地方。公园是很不错的选择，因为这些地方经常组织活动，有工作人员能提供帮助。

Astrophotography for Beginners
天文摄影入门

有时候，单靠肉眼或借助望远镜欣赏夜空奇观是不够的。你可以尝试学习如何拍摄夜空，这种摄影类别叫作天文摄影。天文摄影听上去或许简单，实际上技术含量很高——耐心、合适的器材以及学习的意愿缺一不可。

在开始天文摄影之前，确保你相机的温度与户外空气温度相同。如果相机温度高于环境气温，镜头或感光原件可能会起雾，这时照片上出现的云团可不是银河或麦哲伦星云，这属于技术干扰。如果在冰点温度中进行拍摄，电子器材甚至可能会关机！

你还需要一些专门的器材来拍摄天文照片，尤其是三脚架和定时器（或遥控器）。想拍摄一张优秀的天文照片，关键之一就是确保相机在拍摄时保持稳定，这样最终照片上的恒星以及其他天体才会清晰分明地显示出来。如果用手按快门的话，相机会出现较大的晃动，最终的照片会模糊不清。所以，唯一的办法是使用三脚架，配合

定时器或遥控器。如果遇到刮风天气，你还需要稳定你的三脚架，以防止它移动。如果你对画面有很高的要求，可能还要配备一台赤道仪，它可以帮助你克服地球自转与星空产生的相对位移，避免照片中的星点出现拖线。

拍摄天文照片，大多数人会选择焦距很短的超广角镜头，这是为了能够囊括更宏大的场景，显现壮观的星空，同时也让安全快门的阈值变得更低，减少抖动的可能。你需要的另一样配件是备用电池。夜晚气温较低，相机电池耗电更快。此外，和较暖和的白天相比，长曝光以及相机处理照片的过程也会消耗更多电量。外出拍摄天文照片时带两块到三块备用电池，这样就有足够的电量来完成整个拍摄过程。

在拍摄天文照片时，构图很重要。虽然星星是你的拍摄对象，但增加前景会让效果更好。有些摄影师会利用山脉、树木或岩石，成片效果比只有

基本器材

这份简洁清单中列出了拍出令人惊艳的天文照片需要准备的器材：

1 一台有手动模式的相机。要拍出理想的夜空照片，你的相机必须能够调节3个基本参数（快门速度、光圈孔径以及感光度）。

2 使用三脚架及定时器或遥控器，避免拍出来的照片模糊。

3 备用电池，因为夜晚气温较低，相机电池耗电更快。

4 如果拍摄日食或太阳耀斑这样特殊的天文现象，为相机镜头准备一个太阳滤镜。

星空更引人入胜。所以你最好对拍摄地有所了解，有时需要在白天就去"踩点"，找到足够开阔、夜间不会有过度光污染的夜空，以免扑个空。

在相机参数设置方面，天文摄影讲究的是平衡。熟悉摄影的人知道，拍摄时要在捕捉足够的光线以便让恒星、行星、极光或其他要拍摄的物体清晰显现，以及照片出现太多噪点之间权衡。拍摄天文照片时，需掌握3个基本参数：快门速度、光圈数值以及感光度（ISO）。在这3个参数间找到适当平衡后，你就能从不同角度拍摄夜空。

关于快门速度，看似时间越长越好，但这取决于你设定的其他参数以及你打算拍摄的对象。如果想拍星轨或极光，使用几十秒到几十分钟不等的慢速快门更适合，但如果想拍出清晰的点点繁星，就需要相对较快的快门速度（2~15秒左右），以免星点出现拖尾的现象。但同时你也得调整其他参数，以便有足够的光进入镜头。有的时候，你所需的快门速度会比相机最慢的30秒还要更长，不要着急，你可以把相机切换到B模式（慢门），用快门线或遥控器来自由控制你的曝光时间。

你可以通过调节光圈孔径来决定到达传感器的光亮。光圈数值越小，进光量越大，这在光线暗淡的星空下显得非常重要。所以很多摄影爱好者会选用售价不菲的大光圈镜头，就是为了保证在星空不出现拖尾的情况下，获

得更亮的画面。不过你同时还需要调节感光度和快门速度，取得三者之间的平衡。

感光度是这个谜题的最后一环。如果感光度设置过高，照片就会出现噪点——图像会变模糊，就像是电视机的雪花点。总之，你需要一个适中的高感光度（800~3200）来获得较多的进光量，同时又不至于出现太多噪点。一些摄影师使用高感光度（3200+），然后通过后期处理和编辑清除"噪点"。设定焦点也很重要，这决定了照片最终的清晰程度。在前景暗淡的光线条件下，自动对焦通常会失效。你需要把相机或镜头调节到手动对焦模式，尽可能将焦点设得远一点（调到无限远再往回收一点），如果你的相机有实时取景功能，可以在液晶屏上放大对焦点以便更清晰地调整。

如果你想拍摄拖着美丽尾巴的星轨，可以将快门速度拉长到几十分钟甚至数小时，但这样的拍摄会非常容易受到抖动的影响，同时长时间曝光使得相机因发热产生大量噪点，破坏整个画面。所以，目前更流行的做法是拍摄很多张同一场景的星空，然后在后期处理时进行堆栈合成，这会让星轨的"成功率"大大提升，同时也能降低热噪，提高画质。当然，对天文摄影来说，最重要的是熟悉夜空特殊的光线和环境，勤加练习，在实际操作中找到灵感。

Citizen Science
公众参与

你是否已经能熟练观星，并开始涉猎天文摄影？又或者你更喜欢待在温暖的家中琢磨宇宙的浩瀚无穷？拥有博士学位、进入高级天文馆做研究的天文学家是近年来才出现的，而早期天文学家往往只是业余爱好者。即便今天，任何熟悉夜空的人都可能成为第一个发现闪亮超新星的人，甚至记录和证实超新星的诞生过程——就像阿根廷业余观星爱好者维克托·布索（Victor Buso）在2016年9月所做的那样。布索和另一位业余观察家合作在《自然》（Nature）杂志上发表了关于此次发现的文章。天文研究领域中，卫星获取的大量数据需要处理和分析，而且即便是最大的地面天文台可以同时观测的天空范围也是有限的，所以专业天文学家与民间天文爱好者的携手合作意义重大。

美国国家航空航天局（简称NASA）是公民科学家参与天文观测的积极拥护者之一，创立了很多项目鼓励普通民众和业余天文学家参与。哈勃官网（HubbleSite）关注的重点是哈勃望远镜的发现，它在距离地球340英里（547公里）的轨道运行服务。这架空间望远镜拍摄了一些有史以来最为壮观的宇宙照片，而每一张新闻报道中出现的照片背后，其实还有成千上万张照片存储在哈勃数据库里。NASA和负责哈勃望远镜的科学家们不时会提出新项目，创建新网站，号召志愿者帮忙对大量照片文件进行筛选，以帮助他们回答一些重要的问题。过去的项目包括请志愿者帮忙确定南风车星系（Southern Pinwheel Galaxy）中的恒星的年龄，深入了解银河系及仙女座星系运动。21世纪20年代，哈勃望远镜将被詹姆斯·韦伯空间望远镜（James Webb Space Telescope）取代，NASA可能会建立新网站，民间天文爱好者也可以参与其中。

NASA支持的另一个重要项目是"行星猎人"（Planet Hunters）。通过开普勒飞船传回的数据分析遥远恒星发出的光的变化，帮助研究人员观察那些可能有行星绕行的恒星。该网站设有专门课程，传授开普勒太空望远镜传回的光照数据、凌日现象——即行星移动到恒星前面，暂时挡住其光亮——等相关知识。一旦掌握要领，你就能投入时间来研究数据集，标出潜在的凌日现象。你的研究结果将直接提交给研究人员，他们会进行审核，对那些可能证明行星系存在的数据进行认证。开普勒飞船将被凌日系外行星勘测卫星（Transiting Exoplanet Survey Satellite，简称TESS）取代，后者会为科学家提供新数据，这些新数据也需要筛选。没错，你真的能发现新行星！

NASA也会定期发表文章和故事，呼吁有兴趣的民众积极参与。通常NASA会为特殊任务在网站上分享写些文章，例如在"朱诺号"（Juno）木星任务中，邀请业余天文学家分享他们拍摄到的木星照片。你也可以查阅诸如《天空和望远镜》（Sky & Telescope; www.skyandtelescope.com）这样的热门天文出版物，其网站上专门有一个板块介绍业余天文学家与专业人员合作

> 任何熟悉夜空的人都可能成为第一个发现闪亮超新星的人，就像阿根廷业余观星爱好者维克托·布索（Victor Buso）在2016年9月所做的那样。

的方式。

最为人所熟知的公众参与项目之一是搜寻地外文明计划（Search for Extraterrestrial Intelligence，简称SETI）。SETI涵盖的范围极广，它由一系列研究项目和公司组成，这些公司都在不同程度上参与搜寻恒星智能生命的工作，此外它还有不少社区的外展项目。其中最受欢迎的是SETI@home，任何人只要有电脑就可以参与。在电脑上安装了SETI@home后，这款软件就会利用电脑闲置的处理能力，通过射电望远镜数据（包括波多黎各的阿雷西博天文台的射电望远镜，见131页）寻找可能与外星生命有关联的异常现象。类似的项目还包括MilkyWay@home，它能创建银河周围区域的3D模型，以及用于寻找引力波的Einstein@Home。在你的电脑上运行这些项目（通常是在你不使用电脑时），是以民间天文爱好者身份更积极参与天文领域研究的最便捷方法。这些方法很适合孩子、对科学感兴趣的学生以及想要从日常工作或退休生活中暂时抽身、涉足天文学的爱好者。另外两个大型公民科学平台分别是Cosmoquest（https://cosmoquest.org/x）和Zooniverse（www.zooniverse.org）。

像日食这样的重大天文活动是以民间天文爱好者身份参与的又一绝好机会。例如，在2017年日全食发生期间及之后，涌现了不少项目，帮助科学

家更好地研究日食现象以及日冕的活动方式。摄影师被鼓励提交他们自己拍摄的照片,然后再通过筛选,帮助专业天文学家发现值得研究的现象。如果你知道即将发生日食这样的重要现象并打算观看,可以联系你所在地的天文俱乐部或国家天文学会[例如NASA或英国皇家天文学会(Royal Astronomical Society)]申请参与。

最后,你只需要一台望远镜,无论是用自己的,还是预约前往世界各地任何允许业余爱好者使用其设备的天文台,就能以业余天文学家的身份参与其中。业余天文学家可以选择专门的区域,定期观察夜空,记录出现的任何变化或异常现象。你永远想不到,自己什么时候就能发现超新星、新的行星或小行星。

黑暗天空保护地
Dark Places

许多人从未见过没有光污染的黑暗夜空，然而，一次这样的体验对我们的身心都将产生重大的影响。不幸的是，与许多自然资源一样，随着人类在全球的发展，黑暗天空正陷入越来越大的危机之中。在这个世界上，超过半数的人口如今居住在城市，而这个数字在未来几十年间还将再增加25亿。但是，黑暗的地区依然存在，在那些地方，天空奇景不必苦苦争夺登场亮相的机会，到访者可以尽享星辉。无论你只是被空中浩瀚无垠的闪亮银河所吸引，还是早已爱上了观察群星，甚至拥有自己的望远镜，探访分布全球各地的黑暗天空都是一场回报丰厚的旅程。追寻南十字星座一路南下，去玻利维亚看倒映在盐沼中的群星，或是在印度尼西亚的布罗莫火山（Mt Bromo）仰望头顶上织锦般的星空，这些地方将为旅行者带来激动战栗，从此将他们变成天文旅行者，或是沉迷于天文的探索家。

为了保护并保存我们现有的黑暗天空，若干运动与协会诞生了，其中就包括国际黑暗天空协会（International Dark-Sky Association，简称IDA; http://darksky.org）。IDA与社区以及政府合作，选出全球拥有黑暗天空的地方并给予认证，尽可能确保它们在未来依然保持黑暗。光污染的威胁已经令我们无法守在家中观看夜空，这也更加突显出保护好黑暗天空地区的重要性——让我们还有地方可以去享受夜空美景，就像国家公园为全球的城市和城郊居民提供亲近自然的机会一样。

就安全保障而言，灯光多一些似乎是件好事，在城市里尤其如此。然而只有应用恰当的灯光才是有益的。"光污染"通常指超出预定照明范围的光亮，它们影响到了额外的黑暗区域。比如说，打开车灯照路并不是光污染，而开一盏灯照亮无人的后花园就是光污染。许多公司和家庭都使用了过多的灯光，或是没能有效地将灯光指向需要的地方（本来也应该仅指向需要的地方），从而造成了光污染。来自灯光的污染干扰了我们观看夜空的能力，城市区域也是光污染最严重的地方。对城市居民来说，抬头连十颗星星都看不到的情况很常见。这在很大程度上就是受到了光污染的影响，要知道，在黑暗的天空中，人们本应该看到成千上万的星星！

对热爱观星的人来说，光污染就不只是小小的烦恼了。随着夜间照明的增加，研究者发现，人们在生理和心理上都受到了影响，研究者将这种情况称为"黑暗损失"。从生理角度，太亮的环境会让我们的睡眠质量大幅下降。人的头脑和身体天生就是遵循日夜周期的，也就是说我们的大部分荷尔蒙和其他身体系统的运转是基于光亮与黑暗的转换。当太阳升起，我们自然醒来；太阳落下，我们开始疲惫，陷入睡眠。当试图在过度的光亮下睡觉时（比如在城市环境里），我们可能会难以入睡或无法进入深层睡眠，由于在睡眠过程中受到更多干扰，导致醒来时也倍感疲惫。这必然会影响到我们白天的生活，损害我们的精力和工作效率，影响我们的情绪。

生态心理学专注研究自然环境对人类心理的影响，其中就包括光污染与黑暗对我们幸福程度的影响。事实上，黑暗环境的缺失与睡眠不足会让人更容易陷入抑郁。光或许是快乐的源泉，可是在夜晚，却恰恰相反。研究者提出，如果无法看到夜空，我们对于奇迹的感受力可能会降低，进而削弱我们对世界和自身在宇宙中位置的理解。有研究甚至指出，如果缺乏走出门观看夜空的能力，我们会对外界产生疏离感，甚至失去归属感。虽然相比于对环境危害的研究，目前关于光污染对人类心理危害的研究还远不够深入，但毫无疑问，黑暗的损失的确对我们造成了影响。

　　能看到黑暗天空，对我们是有益的。亲近黑暗天空对人体、大脑和当地发展都很有帮助。对许多城市居民来说，寻找黑暗夜空似乎是一项不可能的任务，而事实上，就算在大都会附近，依然还存在一些拥有黑暗天空的地方，一如那些隐藏在世界最偏远、最美丽角落的地方。随着越来越多的旅行者走出家门追寻夜空，相应地区的旅游业以及周边乡镇、当地商业也迎来了更多的发展机会。

　　在本章，你将了解到一些最"黑暗"的地方，从中东和南非的沙漠，到东南亚和大洋洲的山峰，它们分布在世界各地。有的旅行目的地每年都会举办观星爱好者活动，对业余天文爱好者来说格外特别；而在另一些地方，旅行者很可能在白天经过，却不知道自己正站在观星的圣地。无论你是追寻隐藏在这颗星球最偏远孤岛上那些最纯净质朴的黑暗天空，还是只想在旅途中顺便看一看银河，夜空都在等待着你去观赏那遥远的美景奇观。寻觅自家后院的黑暗天空公园，或者干脆来一场朝圣之旅，从沙漠到高山，从本章提到的那些独一无二的地方里选择一个，在那里，人类头顶的星光是唯一的光亮。

我们在这里提到的许多地方都已经得到国际黑暗天空协会（简称IDA）认证并被指定为黑暗天空保护地。IDA创建于1988年，致力于帮助保护地规划和实施灯光控制政策，以保护夜空。本书中主要介绍了4类IDA认证的黑暗天空保护地：

-黑暗天空社区（Dark Sky Communities）：实施灯光控制的住宅区、城市或城镇。

-黑暗天空公园（Dark Sky Parks）：出于自然保育目的而得到保护的公共或私人区域，并提供良好的夜空教育项目，采用降低污染的照明措施。

-黑暗天空保护区（Dark Sky Reserves）：周边有居民，并采取了减少光污染的措施以保护核心区域的黑暗天空。

-黑暗天空庇护所（Dark Sky Sanctuaries）：拥有纯天然黑暗天空并需要得到保护的偏远地区。

乌卢鲁（艾尔斯岩）

澳大利亚

作为澳大利亚最具标志性、最受尊崇的地理标志之一，乌卢鲁[艾尔斯岩; Uluru (Ayers Rock)]在北领地（Northern Territory）内陆赫然矗立。这块砂岩巨石在5亿多年前因地壳运动挤压而隆起，自那以后，便成了原住

© swissmediavision / Getty Images

夜色中，乌卢鲁（艾尔斯岩）上空的漫天繁星

民心目中意义深远的象征物。在原住民的语言里，它叫乌卢鲁，到了19世纪末，一名澳大利亚测量员为它起了第二个名字——艾尔斯岩。从2002年开始，它确定为双名称——乌卢鲁（艾尔斯岩）。1985年，这块土地的所有权被象征性地交回澳大利亚原住民阿南古人（Anangu）手中。这块砂岩通身浸透着鲜亮的、铁锈般的橙红色，足以吸引最专注的观星者的目光。

从澳大利亚任何一个大城市前往乌卢鲁（艾尔斯岩）都不是容易的事情，就算最近的主要村镇爱丽丝泉（Alice Springs）距离它也有5小时车程。尽管如此，乌卢鲁（艾尔斯岩）依然是北领地红土中心（Red Centre）地区最热门的旅行地之一，这块内陆原野上巍然高耸的巨大岩石每年会吸引约50万旅行者前往。从前旅行者可以登上岩石，但为了保护这处重要圣地，这种攀登行为已经被禁止了。对此更热切的旅行者可以选择参加空中观光之旅，但是，在能力允许的前提下，一定要试试环绕这块周长5.8英里（9.3公里）的巨岩走上一圈。

夜晚游览乌卢鲁（艾尔斯岩）是一大幸事，可以在令人屏息的明朗星空下领略这个庞然大物的威严。艾尔斯岩度假村（Ayers Rock Resort）是最近的住宿地，提供包括观星环节在内的天文导览游。酒店致力于培训原住民员工，任何想要得到一份工作的澳大利亚原住民都能在这里得偿所愿。

2028年的日食将经过乌卢鲁（艾尔斯岩），遗憾的是，那并不是日全食。往东北方向走，日全食的轨迹预计如下：自威洛拉（Willowra）以北，沿87国道（National Hwy 87）穿越北领地，至滕南特克里克（Tennant Creek）。你还可以顺便参观两处令人印象深刻的陨石坑：戈斯崖陨石坑（Gosses Bluff）和亨伯里陨石保护区（Henbury Meteorites Conserva-tion Reserve），后者是由12个小陨石坑组成的坑群，因4700年前陨石坠落到地球上而形成。最大的陨石坑宽180米，深15米，周遭是美丽的原野。

重要信息

何时去：冬季（5月至9月）是造访乌卢鲁（艾尔斯岩）和红土中心地区的最佳季节。

网址：*https://parksaustralia.gov.au/uluru/*

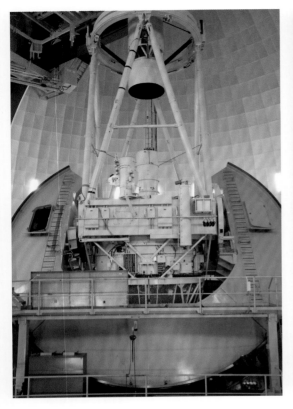

沃伦本格国家公园

澳大利亚

左起：赛丁泉天文台的英澳望远镜（AAT）；横跨赛丁泉天文台的银河

　　在新南威尔士州，或许有其他国家公园距离堪培拉、悉尼和布里斯班更近，但没有一处比沃伦本格国家公园（Warrumbungle National Park）更"黑暗"。从以上各大城市到这里，车程为5.5～8个小时。尽管如此，沃伦本格国家公园依然吸引了众多旅行者前来体验这里日与夜的自然奇观。保护黑暗天空的努力和无光污染让沃伦本格在2016年获得认证，成了澳大利亚的第一处黑暗天空公园。

　　白天，到访者可以探索沃伦本格山脉，徒步、攀岩、绳降都是当地的热门户外活动。此外，在公园内还有不

沃伦本格国家公园处于2028年日全食的轨迹上，这场日食会跨越整个澳大利亚。目前暂时没有相关活动信息发布，但不妨先在日历里记一笔——公园很可能提前一年就开始预售露营位以及附近市镇的住宿。

重要信息

何时去：春季（9月至11月）是造访沃伦本格的最佳时节。9月气候最为干燥，公园内野花遍野，能够为你的体验增添更丰富的色彩。12月既是雨季，也是一年内最炎热的时候，对旅行者来说并不那么舒适。

网址：*www.national parks.nsw.gov.au*

少机会可以看到袋鼠和考拉等野生动物，还能走进遍布公园火山区域的峡谷和洞穴一探究竟。沃伦本格内设4处露营地，非常适合希望睡在星空下的人。入夜后，你可以在沃伦本格国家公园里瞭望星空，如果能留宿露营地就更好。在游客中心申请领取露营许可证，它能确保你拥有一个露营位。

另一个可以观星的地方是位于公园西侧的赛丁泉天文台（Siding Spring Observatory）。这处机构拥有好几台天文望远镜，其中包括13英尺（4米）的英澳望远镜（Anglo-Australian Telescope; 简称AAT）。赛丁泉天文台由澳大利亚国立大学天文和天体物理研究学院（Australian National University Research School of Astronomy and Astrophysics）管理，主要用于科研，而非公众服务或教育。旅行者可以在白天前往游客中心参观。此外，天文台会在每年10月举办一年一度的盛会"星空节"（StarFest）。届时，公众可以与天文学家们相会，使用这个国家最顶级的天文设备，亲身体验一次观日活动。

乌尤尼盐沼

玻利维亚

在安第斯山顶附近的高山上，几个史前湖泊汇聚在一起，形成了世界上最大的盐沼——乌尤尼盐沼（Salar de Uyuni）。社交媒体的曝光使玻利维亚乌尤尼盐沼的非凡地貌和如画风景被越来越多的人熟知，它已经成为热门旅行目的地。当地面干燥时，整个盐沼就是一片超越想象的纯白之地，除了蓝天和白色的大地，什么也没有。当覆上薄薄一层水后，水面便会完美地倒映出白云与湛蓝的高原天空。在这里，地平线消失了。

游览乌尤尼盐沼是一项复杂的工程——旅行社提供多种行程选择，从当天往返的一日游，到穿越总面积4086平方英里（10,583平方公里）的四日公路游，大多数旅行者通常会预订全包的多日游行程。虽说自助游玩乌尤尼盐沼也是可行的，但考虑到盐滩的面积和预订住宿、设施等问题，我们更推荐运营成熟的团队游。

夜游乌尤尼盐沼也逐渐成为可能，旅行者可以享受这里的繁星满天和广阔的地平线。由于乌尤尼盐沼还处于几乎未开发的状态（除了寥寥几处分散在盐滩上的娱乐设施），来访者可以体验到真正黑暗的天空。Ruta Verde旅行社提供专门的观星团队游，其他旅行社也有一些选择。前往乌尤尼盐沼的观星之旅通常从乌尤尼或科尔查尼（Colchani）小镇出发。

有的旅行社在观星行程中搭配观赏日出或日落，时长通常为2~6小时。跟随旅行团可以确保你不至于在盐滩上迷路，此外还有向导为你解说天文现象，包括流星雨、可见行星、银河以及麦哲伦云。因为盐滩实在太过平坦，光在这里能传得很远，抵达观星地点后，你的眼睛会需要一点时间来调整适应。

上起顺时针方向：在玻利维亚的夜空下；倒映着云朵的乌尤尼盐沼；玻利维亚月亮谷

不妨考虑将月亮谷（**Valle de la Luna**；**Valley of the Moon**）加入你的玻利维亚行程中。这个地区就在玻利维亚首都拉巴斯（**La Paz**）郊外，却拥有非同寻常的地质构造。如果你的计划是前往玻利维亚北部游览这座城市或的的喀喀湖（**Lake Titicaca**），月亮谷是很便捷的一站。塔基雷岛（**Isla Taquile**）也有非常出色的黑暗天空，岛上有家庭寄宿，从秘鲁的普诺（**Puno**）乘船横渡的的喀喀湖即可上岛。

重要信息

何时去：旅游旺季是雨季的12月至次年3月，届时盐滩上的水潭就会化身天空之镜。如果想拍摄头顶和水中倒映的星空，这是最佳时机。

网址：*www.rutaverde bolivia.com/tour/uyuni-stargazing-tour*

千湖沙漠国家公园

巴西

河流沉积，加上大西洋上吹来的赤道风，让千湖沙漠国家公园成为一片沙之海。这座位于巴西东北海岸线上的国家公园是这个国度最独特的风景之一，绵延598平方英里（1549平方公里）的沙丘看上去就像是一片沙漠，但该地区的降水量几乎是一般沙漠的5倍。

正是这年均47英寸（1.2米）的降水量将千湖沙漠国家公园（Parque Nacional dos Lençóis Maranhenses）的漫漫沙丘变成了生态及户外探险的旅行地。每年，雨水聚集在沙丘之间，形成留存数月之久的活水潟湖，滋养出独特的动植物生态圈，海岸、沙漠和热带稀树草原的物种汇聚一堂。尽管

上起顺时针方向：黄昏时的潟湖与沙丘；沙丘上空的星轨；活水潟湖

一眼望去宛若沙漠，可独特的生物多样性和生态条件使这片地区特色极为鲜明。

由于年复一年的风、沙与水的交织作用，两处绿洲之外的千湖沙漠国家公园都处于相对未开发的状态。这在无形中为公园上方的夜空提供了保护，因此，当你在这里享受户外活动的乐趣时，还能顺道观星。仅偏离赤道2.5度的地理位置也为人们提供了在夜空中同时看到南、北半球星座的机会。在这里，你可以参加徒步、乘坐ATV全地形车游览或骑马游，也可以在临时的活动湖泊中划船、游泳。除此之外，冲浪也是一个选择——这个公园可是绵延在43英里（69公里）的巴西海岸线上的。绕道进入紧邻公园的亚马孙盆地也是个很好的选择。

美洲大陆的第一座现代天文台是荷兰人于17世纪30年代修建的，就在巴西的安东尼奥·瓦兹岛（Antonio Vaz Island）上。1640年，天文学家乔治·马克格拉夫（Georg Markgraf）在这处天文台观测到了日食，不幸的是，原建筑在1654年就被毁掉了。今天，你可以造访位于累西腓的马拉科夫塔（Malakoff Tower），那里有一座现代天文台。或是前往奥林达（Olinda）附近的太空科学博物馆，了解有关巴西天文学的情况。

重要信息

何时去： 雨季（1月至5月）会在沙丘间留下若干活水潟湖。6月至11月潟湖渐渐干涸，6月、7月、8月是最佳季节。

网址： *http://visitbrasil. com/en/atracoes/ lencois-maranhenses- national-park.html*

贾斯珀国家公园

加拿大

　　有的国家独立于国际黑暗天空协会之外，颁布了自己的黑暗天空保护地标准，加拿大就是其中一个。贾斯珀国家公园（Jasper National Park）是加拿大境内十处黑暗天空保护区之一（关于其中最大的黑暗天空保护区伍德布法罗国家公园，参见186页）。白天，这里坐拥加拿大落基山脉的如画风光、多彩的高山湖泊和壮丽的日落景象，吸引着热爱户外活动的旅行者。同时，它也欢迎热切的天文旅行者在一天的活

© Stocktrek Images, Inc. / Alamy Stock Photo; © Krishna.Wu / Shutterstock

动后寻觅黑暗天空。

　　贾斯珀国家公园距离阿尔伯塔省(Alberta)的埃德蒙顿市(Edmonton)有4小时车程,距离卡尔加里市(Calgary)5小时车程,是一片广袤而又相对容易抵达的保护区,区内可进行各种户外活动。徒步、骑行、登山和露营都是常见的夏季项目,待天气变冷,人们便可以享受滑雪、雪鞋徒步甚至攀冰之乐。越来越多的旅行者赶在温暖时节,聚集到贾斯珀国家公园摄影或参与一日徒步。贾斯珀公园之所以能够持续跻身加拿大最热门旅行地之列,最主要就是因为几乎任何类型的旅行者都能在这里找到乐趣。

　　夜幕降临后,天空取代贾斯珀标志性的山峰与湖泊成为主角。公园的

上图:贾斯珀内的哥伦比亚冰原(Columbia Icefields)和阿萨巴斯卡冰川(Athabasca Glacier)
左图:玛琳湖(Maligne Lake)上的精灵岛(Spirit Island)

"黑暗天空保护区"身份确保这里只存在有限的光污染,从而使人们能在黑暗的冬季里清楚地看到群星、银河甚至极光。每年10月,公园会举办贾斯珀暗夜星空节(Jasper Night Sky Festival; https://jasperdarksky.travel),这是全球最大的同类活动之一。节日引来演说家、天文学家、夜空倡导者和普通民众齐聚一堂,共同了解和感受夜的天空。活动还包括各种美食节、一场星空下的交响乐演奏会,以及天体摄影交流会。

重要信息

何时去: 最佳时节是冬季(11月至次年2月)。如果雪上运动非你所好,那么也可以在9月至10月、3月至5月的旅游平季前来欣赏黑暗夜空,只是雪比较少。

网址: *www.pc.gc.ca/en/ pn-np/ab/jasper*

莫甘迪克山

加拿大

作为全球第一个得到认定的黑暗天空保护区,莫甘迪克山为黑暗天空的保护工作铺平了道路,并成为一个范本。莫甘迪克山黑暗天空保护区(Mont-Mégantic Dark Sky Reserve)坐落在魁北克省南部,靠近美国边境,与新罕布什尔州(New Hampshire)和佛蒙特州(Vermont)相邻。保护区占地约3300平方英里(8547平方公里),其中包括舍布鲁克(Sherbrooke)的居住区、莫甘迪克山国家公园(Mont-Mégantic National Park),以及位于区内的天文观测研究机构。

莫甘迪克山国家公园是个热门的徒步旅行地,冬季也是雪鞋徒步和越野滑雪的理想去处。滑翔机和滑翔伞爱好者喜欢从圣约瑟夫山(Mont St-Joseph)俯冲而下,而山地摩托和自行车骑手则更愿意翻山越岭穿越公园,至于鸟类爱好者,则中意观察本地的某些受保护鸟类。公园内有露营地和

从上到下:公园在全年大部分时间都是白雪皑皑的仙境;莫甘迪克山国家公园及其天文台

其他简单住宿地,你可以在那里自行安排一次观星体验。

除了白天在国家公园里的户外体验,这里还有几个地方不可错过,包括莫甘迪克山天文台(Mont-Mégantic Observatory)、大众天文台(Popular Observatory)、游客中心以及阿斯特罗实验室(ASTROlab)。莫甘迪克天文台里有加拿大东部地区第二大天文望远镜,直径63英寸(1.6米)。天文台对公众开放,有日间的团队游和夜间的天文主题活动。

阿斯特罗实验室的博物馆和活动中心则主要面对造访莫甘迪克山的太空爱好者。室内展览和户外观星设备提供了绝佳的机会,可以让来访者更加深入地了解星星。天文之夜(Astronomy Night)包括一场天文学讲座,以及在专业人员指导下使用望远镜和大型双筒望远镜观察天空的活动。这里还定期举办大众天文台的夜间观星,以及各种特别活动,如每年7月举办的天文节(Astronomy Festival)和8月的英仙座节(Perseids Festival),后者主要观看每年最活跃的流星雨。

2024年将有日食贯穿北美洲,莫甘迪克山的天文台正处在日全食的轨迹中轴线上。尽管暂时未发布任何活动,但至少提前6个月预订莫甘迪克山国家公园周边的住宿,才能确保你欣赏到日全食时星星跃然而出的景象。在蒙特利尔也能看到日全食,但时间较短,因为它处在日全食轨迹的北侧边缘。此外,无论是否有日食,这里都是观鸟的绝佳去处。

重要信息

何时去:每年8月中旬的英仙座节期间可以看到壮观的流星雨。

网址: *http://astrolab-parc-national-mont-megantic.org*

百内国家公园

智利

在智利的巴塔哥尼亚（Patagonia）大草原上，百内群峰（Torres del Paine; Towers of Paine）兀然高耸，是这座南美洲最美的国家公园里最醒目的风景。百内国家公园（Parque Nacional Torres del Paine）占地698平方英里（1808平方公里），是自1978年以来联合国教科文组织设立的"生态圈保护区系统"的一部分，然而，它的声誉远远不足以体现它的价值。这里地貌丰富多样，从青绿湛蓝的湖泊，到翠色欲滴的森林，以及巴塔哥尼亚南部冰原（Southern Patagonia Ice Fields）的湍流和耀眼的蓝色冰川，还有廷德尔冰川（Tyndall Glacier）和格雷冰川（Grey Glacier），不一而足。原驼在广袤的草原上漫步，秃鹰在安第斯山脉间兀自翱翔。

峻峭的高山与闪亮的冰川吸引着世界各地的探险者前来徒步、攀登、划

皮艇。百内有好几条著名的徒步路线，其中包括5日的"W"线，以及环大百内（Paine Grande）和百内角（Cuernos del Paine）的8日环线。这片地区基本未开发，部分原因就在于它的受保护状态。尽管如此，寥寥的几处观景点、露营区和山间小屋依然接待着每年多达25万的来访者。一条主要公路提供了进入公园的通道，这条路还分出了几条岔路。

由于地理和海拔因素影响，百内秋季多雨（3月和5月），冬季（6月至9月）寒冷，可能出现降雪。大多数旅行者在春夏两季前往，这也意味着白天比较长，11月底到次年1月中旬甚至有好几周没有真正的黑夜，最暗的夜晚也不过是黄昏景象。想要享受晴朗季节里有限的黑暗就需要提前安排，并做好熬夜的准备。然而，一切都是值得的，百内以其美妙的自然风光为你即将看到的银河、麦哲伦云和南半球天空提供了绝佳的前景。

上起顺时针方向：百内的黎明之月；格雷冰川上的徒步者；远望三塔峰

百内位于2020年12月的日食轨道上，但只能看到面积约60%的日偏食。如果你打算在这个时段前往并观看日偏食，记得提前安排，并带上日食专用眼镜。此外，南极光也已经开始不时在巴塔哥尼亚出现了。想要欣赏这种罕见景象，可以考虑在一年中最"黑暗"的季节前往，但要做好准备，在等待它们的同时，你很可能需要应对风雨和降雪。

重要信息

何时去： 平季（10月和4月）是观星的最佳季节，可以享受到黑暗的夜，同时免于寒冬之苦。

网址： *www.parquetorresdelpaine.cl/es*

阿里暗夜公园

中国

谁说拜访顶级的观星地一定要走出国门？自2014年起，中国便拥有了亚洲第一家以观星为主题的暗夜公园，这也是全世界仅有的4座暗夜公园之一。阿里暗夜公园所在地的海拔在4700米左右，各项关于观星的等级指标（例如大气通透程度、晴空率、视宁度等）都相当优异，是前往阿里地区的星空爱好者不可错过的体验。2018年，阿里暗夜星空保护地更是被世界自然保护联盟列入"世界暗夜保护地名录"，成为中国首批得到国际组织认可的暗夜保护地。

狮泉河镇是阿里地区的中心，暗夜公园就位于镇南的219国道边，占地达到2500平方公里。保护区内对光污染进行了严格控制，以保护珍贵的夜

空资源。目前公园设置了4个区域，你可以先在天文馆内西藏最大的天象厅观看科普宣传片和展览，而后去天文观测区体验高倍率的天文望远镜。公园还专门为摄影爱好者设置了星空体验区，可以在此小试一把星空摄影。游客服务区提供旅行者所需的各类旅游和医疗信息，还有黑帐篷客栈和简餐，可供小憩。

从拉萨和喀什都有航班飞往狮泉河的昆莎机场，你也可以从拉萨乘长达26小时的班车抵达狮泉河，而后再包车前往暗夜公园。如果自驾或租车的话，可从狮泉河镇向南行驶19公里，全程都是柏油路，约半小时即可抵达。

狮泉河镇是最好的落脚地，象雄大酒店（标双380元）是2015年重新装修过的四星级酒店，拥有不错的房间条件和附属的餐厅，可以尝到粤菜、川菜和藏餐。

在狮泉河周边，你还可以在札达县继续你的观星之旅。札达县拥有10世纪修建的托林寺，是阿里地区第一座藏传佛教寺庙，而壮观的古格王国遗址则是拍摄星空大片最好的前景。在旅游旺季，狮泉河的阿里地区客运站每天都有前往札达县的班车，车程约需3小时。

重要信息

何时去：阿里暗夜公园不收门票，5月至10月初21:30至次日2:00开放，其余时段则需打电话（152 2480 8000）预约。观星时最好避开降雨最多的7月至8月，秋季能获得最好的观星效果。强烈建议不要在冬季自驾前往。

另外，从阿里出发走新藏线，除了要有阿里的边防证外，你还需要办理新藏线的边防证。

上起：阿里暗夜公园的夜空；
雪山圣湖边的藏野驴

艾费尔国家公园

德国

依照国家公园的标准来看，艾费尔国家公园（Eifel National Park）或许有些太年轻了。它于2004年才刚刚建立，却有一个雄心勃勃的长期目标：让这片德国公园中的大部分区域回归原始。为了这个最终目的，艾费尔国家公园管理局针对旅游发展制定了一整套综合管理方案，以期既能够允许来自全球各地的旅行者体验森林，又为自然资源提供保护，帮助这片乡间土地回归它最初的状态，在这之中，就包含了对黑暗天空的保护。

艾费尔国家公园占地42平方英里（109平方公里），位于德国中西部与比利时交界的边境线上。据估算，在公园2小时车程范围内有将近2000万居民。这很方便当地居民前来探索荒野，但同时也为黑暗保护提出了难题。艾费尔国家公园在2014年被指定为临时的"黑暗天空公园"，减少光污染、尽可能确保符合低光排放标准的工作依然在继续。

白天的艾费尔国家公园是片天然游乐场，总长超过150英里（242公里）的道路可供旅行者徒步、骑行，甚至可以在冬季越野滑雪。旅行者可通过多种方式前往公园，公园也定期提供由管理员带队的导览步行游和帮助来访者了解公园的讲座。

日落后，公园管理员们提供有关夜空景观的资讯。由一处前纳粹基地改建而成的福格尔桑天文台（Vogelsang Observatory）为来自世界各地的到访者提供科普教育。天文台也设有一个天文工作坊，名叫"繁星无界"（Stars Without Borders），讲解基础天文学知识，指点来访者辨认夜空中的重要星体以及银河（在清晰可见时）。各类旅行社也都开始开发艾费尔国家公园导览游项目，为希望在旅途中欣赏夜空的旅行者提供越来越多的选择。

上起顺时针方向：不远处风光如画的贝尔特拉达城堡（Bertradaburg）；艾费尔内的格门德纳火山湖（Gemündener Maar）；艾费尔徒步道

无论是在艾费尔国家公园成立"黑暗天空公园"，还是福格尔桑天文台"繁星无界"观测项目的规划，都少不了Harald Bardenhagen的鼎力相助。"观赏繁星满天的夜空是一种非常基本的、直接的自然体验，必然真正触及来访者的心灵与头脑。我希望来访者能够重新认识到黑暗的价值，也希望他们成为大自然星空的传播大使。"Bardenhagen说。

重要信息

何时去：艾费尔国家公园全年皆宜前往，但在夏至前后的4周内，天空不会完全黑暗，可能对观星有影响。

网址：www.national park-eifel.de/en

哈弗河西地自然公园

德国

你也许觉得，无论身在世界上的什么地方，想要看到黑暗天空，都需要在路上花好几个小时时间。可德国的哈弗河西地自然公园（Westhavelland Nature Park）证明了并非如此，即便是在距离大城市很近的地方，也可能有保护完好的大自然与黑暗天空。

哈弗河西地自然公园位于柏林以东44英里（71公里）处，建立于1998年，旨在保护哈弗河（River Havel）与附近居尔普湖（Gülper Lake）的湿地，以及以湿地为家的动物与鸟类。方圆507平方英里（1313平方公里）的哈弗河西地是欧洲最大的受保护湿地，其中栖息着种类多样的鸟类，包括好几个濒危品种。白天，观鸟和骑行是体验哈弗河西地的常规项目。

待太阳落山，你就会立刻明白，为什么哈弗河西地能够成为德国第一个黑暗天空保护区——由于洪水多发而相对开发不足，这个地区的夜空得以保持自然状态，成为德国北部居民和旅行者观赏银河的最佳去处之一。据估算，在柏林－勃兰登堡地区，近600万人都可以轻松前往哈弗河西地自然公园，享受黑暗的天空。

每年9月，公园会举办适合家庭参与的"哈弗河西地天文角"（Westhavelland Astro Treff）。这是一场持续多日的观星爱好者活动，参与者可以学到天文知识、观星，并在群星之下露营，白天则有机会参与太阳观测。参加这个活动或星光帕海天文台（Sternenblick Parey）周边一些不那么正式的观星爱好者活动时，会说德语将大有帮助，因为所有活动都不使用英语。

从柏林开车前往哈弗河西地只需要一个多小时，但是前往这片乡间的长途汽车和火车很少。拉特诺（Rathenow）是哈弗河西地自然公园内最大的居民点，勃兰登堡位于公园南缘，主要旅游设施都设在城内。

在这里，你能看到的并不只有星星。**Thomas Becker**是自然公园里的一名负责人，他还记得，4月的一天夜里，他正通过望远镜观察银河系。"完全出乎意料，极光出现了，"Becker回忆道，"多亏了自然公园里黑暗的天空，它非常清晰。要是换了其他地方，这道光或许就湮没在雾蒙蒙的天空中了。"在如此靠南的欧洲地区观察到极光并不是常见的事，但在哈弗河西地自然公园，只要条件合适，就是有可能的。

重要信息

何时去：5月和9月是最佳时节，气候温暖，出现晴空的概率也最高。夏季潮湿闷热，冬季彻骨寒冷。

网址：*www.sternenpark-westhavelland.de*

上起: 哈弗河西地的黄昏天空: 柏林天际线与亚历山大广场电视塔（Alexanderplatz TV Tower），距离自然公园仅2小时车程

霍尔托巴吉国家公园

匈牙利

左起：晚霞下飞行的灰鹤；公园也是普氏野马的栖居地

　　随着黑暗天空保护和认证在全球逐渐兴起，各国开始以拥有的黑暗天空保护地数量为傲。匈牙利就是这样一个旅行目的地，它拥有3处获得认证的黑暗天空，而位于当地东部的霍尔托巴吉国家公园（Hortobágy National Park）就是其中之一。

　　广阔的草地和延绵的沼泽地带是观星的理想环境，霍尔托巴吉国家公园就拥有如此得天独厚的条件。没有高山或其他地质构造阻挡，也相对缺少高大植物的干扰，平坦的地貌确保你在这里能够拥有几乎毫无障碍的广阔视野。身为匈牙利第一个国家公园，霍尔托巴吉是欧洲大陆上保持了相对原生态未开发状态的地区，留下了纯净的夜空和夜行性动物。有鉴于此，霍尔托巴吉的部分区域在2011年

István Gyarmathy是负责霍尔托巴吉的黑暗天空协调员,他明白夜空对这处公园里所有生物的重要性。"黄昏时,你能看到光线的自然变化,听到大自然的声音,夜深了,就能看到繁星密布的天空了。"他分享道,"自古形成的放牧文化便源起于此,繁星满天,牧群遍野,延续至今的放牧传统依旧和天文联系紧密。"

重要信息

何时去:春(4月和5月)秋(9月和10月)是旅游平季,也是最佳时节,届时白天温暖,夜晚凉爽,正适合观星和欣赏流星雨。

网址: *www.hnp.hu*

获得黑暗天空公园认证,而改进周遭社区照明、保持天空黑暗的努力还在继续。

作为生物圈保护区和联合国教科文组织认证的世界文化遗产,白天的霍尔托巴吉国家公园也同样价值不凡。公园里栖息着包括狼、野马和豸在内的多种野生动物,对候鸟更有着特别的吸引力。走进霍尔托巴吉,旅行者可以看到千百年来几乎不曾受到打扰的生态圈和各种生物。国家公园里还向来访者提供其他活动,包括介绍形成霍尔托巴吉这种碱性草原的不寻常地理状况、参观霍尔托巴吉小镇,以及体验该地区牧民的传统文化和畜牧动物。此外,这里还是品尝霍尔托巴吉式匈牙利卷饼(Hungarian crepes à la Hortobágy)的最佳去处,这是一种当地特产的薄饼,吃的时候卷上肉糜,表面浇上红椒汁。

入夜后,霍尔托巴吉有各种天文活动可供参与。燕屋青年旅舍及野外研究中心(Fecskeház Youth Hostel and Field Study Centre)拥有一处圆顶天文台,在晴朗的黑暗夜晚开展导览观星活动。旅舍共有34个床位。国家公园的工作人员也组织观星步行游和天文学讲座,指点来访者了解天空的奇迹。

塞立克星空公园

匈牙利

就像欧洲的大多数城市一样，匈牙利首都布达佩斯周边很难找到黑暗天空。但是，就在朝向克罗地亚边境的西南方向2小时车程外，塞立克星空公园（Zselic Starry Sky Park，匈牙利语为Zselici Csillagpark）就是东欧最好的观星地之一。它早在2009年便成了欧洲首批获认定的黑暗天空公园。塞立克星空公园坐落于塞立克国家风景保护区内（Zselic National Landscape Protection Area），保护区工作人员日夜履行着保护自然资源的职责。

虽说对于大部分欧洲旅行者，这是个冷门选择，但是对任何想要享受纯净夜空的人来说，这里不啻为一个宝库。除了一处配备有观星望远镜的瞭望台外，这里还有一个天文馆，定期提供面向所有年龄段游客的常规活

左起：塞立克星空公园观星台鸟瞰图；克罗地亚首都萨格勒布的耶拉其恰广场（Ban Jelacic Square）

在早期马扎尔人（Mag-yars）流传下来的匈牙利神话中，夜空是一顶巨大的帐篷，由一棵生命之树支撑，树木连通上界与中部世界。在这顶帐篷里，你能看到上界的太阳、月亮和其他天体，那也是神明与善良的灵魂居住的地方。星星被认为是为了透光而在帐篷顶上戳出的洞。蹲在树顶上的是传讯的鹰，"图鲁尔"（Turul）。天文考古学家们如今正在重构这些失落的神话。

重要信息

何时去：塞立克星空公园提供了观看黄道光的机会，那是一道细长微弱的光，通常认为是太阳系内的冰、尘微粒反射太阳光形成的，通常出现在春秋两季。

网址： *http://zselicicsil lagpark.hu*

动，馆内还设有一个介绍天文学、自然和陨石收藏的展览。来访者可以爬上5层的瞭望平台，更加接近群星。相关设施、展览和天文馆每周二到周日白天开放参观。此外，公园也在白天提供观日活动。周五的夜间观测项目则聚焦于全年不同时段夜空中可见的星体。

在白天的参观中，你还能学到有关该地区自然与生态系统的知识。作为塞立克自然风光保护区的一部分，塞立克星空公园有工作人员定期提供步行导览游和讲座，介绍公园区域内的动植物群，并将这些教学体验与夜间动物行为习惯、夜空保护的重要性结合起来。Kardosfa旅馆已经安装了全套的规范装置以降低光污染，是在当地过夜或作多日停留时的好选择。如果你打算在游玩匈牙利之前或之后造访克罗地亚，不妨考虑在萨格勒布（Zagreb）老城内的天文台稍作停留，这处天文台建于1903年，被称为教士塔（Popov Toranj; Priest's Tower）。萨格勒布科技博物馆（Zagreb Technical Museum）里也设有一处天文馆。临近克罗地亚海岸的卫斯理扬天文台（Višnjan Observatory）已经发现了数以百计的系外行星和小行星。

杰古沙龙冰河湖

冰岛

对追求"身在异星"感受的旅行者来说，冰岛怎么看都是完美的梦幻之地。这里曾经是许多电影里外星世界的取景地，比如《星际穿越》（2014年）。这一切都得益于千年来这座岛上火山与冰川冲撞角力所形成的与众不同的地质形态。在这个国家的许多地方，你都能找到让人目瞪口呆的景象，激发起对这颗星球的敬畏之情，甚至

开始疑惑自己是否已经彻底离开它，到了另外一个世界。

杰古沙龙冰河湖（Jökulsárlón，发音为"yokul-sar-lon"）正是这样一个地方，它位于冰岛东南部，在瓦特纳（Vatnajökull）冰盖边缘与大西洋海岸之间。由瓦特纳冰川延伸而出的布雷扎梅尔克冰川（Breiðamerkurjökull）孕育了这个巨大的湖泊，到这里也很方

© Franckreporter / Getty Images; © Myron Standret / Alamy Stock Photo

重要信息

何时去：前往杰古沙龙湖观星或欣赏极光，应当选择夜晚相对更黑的月份，否则就得熬到深夜了。

网址： *http://icelagoon.is*

便，沿环绕冰岛的著名环形公路驱车前往即可。虽说它的模样看上去像是形成于最后一次冰河期，但事实上，这座潟湖才刚刚80岁。旅行者们常常来到这里，拍下它一年四季都冰峰满湖的景象，或是找一处住宿地作为大本营，预订一次前往瓦特纳冰川的导览游。白天，来访者可以探索瓦特纳冰川上惊人的冰洞，这是绝佳的摄影机会，同时让来访者感受到冰川在漫漫时间长河里雕琢冰岛的巨大力量。在观星活动之外，你还可以在白天参与乘船游活动，享受泛舟杰古沙龙冰河湖之乐。

杰古沙龙也是冰岛南部海岸沿线追踪北极光的热门去处。就算没有北极光，这里也是上好的观星地。通常来说，看到银河、流星和行星是常事。和其他临水的黑暗天空地一样，当条件合适时，你甚至能看到冰峰间的星星倒映于冰河湖上。虽然没有专门针对杰古沙龙冰河湖的观星游览项目，但在游玩这片临近环形公路的便捷地区时，你完全可以轻松安排这样一个行程。欣赏夜空下正缓缓流向海洋的冰川，在这可能长达5年之久的漫长旅途中，冰川水随时可能重新冻结，或是轰然崩塌。

左起：杰古沙龙冰河湖上空的北极光；银河下的冰潟湖

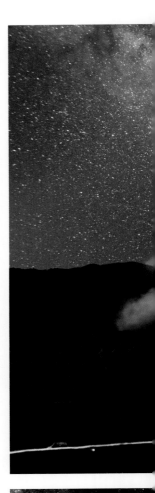

布罗莫火山

印度尼西亚

布罗莫火山 (Mt Bromo) 坐落于炽热的东爪哇心脏地带，是印尼最热门的旅游胜地之一。旅行者爬上这座活火山附近的高处欣赏日出，仿佛观看一场清晨天空的奇妙色彩之舞，同时也探访周遭的火山口和其他活火山。布罗莫火山是布罗莫－腾格尔－塞梅鲁国家公园 (Bromo-Tengger-Semeru National Park) 的一部分，公园总面积约300平方英里 (777平方公里)，包括5座活火山，外加腾格尔"沙海"。白天，旅行者可以在国家公园里徒步，或是预订四驱车导览游欣赏它非凡的地貌。

布罗莫火山正悄然成为印尼最著名的观星地之一，因为天文学家们在这里观测天空，天文摄影师们也拍下了银河、仙女星系和麦哲伦云的照片。布罗莫火山及周边地区都位于赤道以南，偏离赤道不到10度，因此，这里也是观赏南半球夜空和流星雨（比如南金牛座流星雨）的好地方。

和其他黑暗星空地区不同，布罗莫火山不指定观星地点，也不提供观星游览行程，在这里，观星基本上是一项自由活动。一旦开始登山，旅行者就必须自行根据天气情况灵活调整适应，并做好防寒准备。此外，国家公园中的一些区域和布罗莫火山有时会因火山活动而暂时关闭，这是地处环太平洋火山带的风险之一。因此，在你安排夜间活动之前，务必向当地的公园工作人员确认情况。不妨考虑安排清晨观星，这样，稍后你就可以登上佩南贾坎峰 (Mt Penanjakan) 欣赏日出，那是一处面对布罗莫火山的热门观景点。旅行者也可以把行程安排在一年一度的火山祭典 (Yadnya Kasada) 前后，这是腾格尔人向火山奉牲祭礼的传统活动，以此纪念满者伯夷王国时期留下的传说。

上起顺时针方向：布罗莫－腾格尔－塞梅鲁国家公园上空的流星雨；银河下的布罗莫火山；驾驶四驱车探索布罗莫火山

如果你的行程包括了东、西爪哇,千万别错过万隆(**Bandung**)近郊的博斯查天文台(**Bosscha Observatory**)。博斯查天文台是印尼最主要的天文台,拥有5架天文望远镜,其中包括口径24英寸(61厘米)的蔡司双筒折射望远镜。通过天文台官网可预订白天或夜间的参观行程。万隆距离雅加达(**Jakarta**)约3.5小时车程,大多数国际航班都起降雅加达。

重要信息

何时去:夏季是旅游旺季,全年最干燥的月份也在这段时间里,届时有最澄净、最黑暗的天空。最迟到9月,夜间气温就开始下降了。

网址: *www.indonesia.travel/gb/en/destinations/java/bromo-tengger-semeru-national-park/mount-bromo*

凯里黑暗天空保护区

爱尔兰

在北大西洋岩石海岸和凯里郡(Kerry)的群山之间,爱尔兰西海岸的凯里环线(Ring of Kerry)穿越了几片北半球最黑暗的天空。在这里,你能找到凯里黑暗天空保护区(Kerry Dark Sky Reserve),该保护区于2014年由国际黑暗天空协会认定,是旅行者在爱尔兰能够找到的最佳黑暗天空地之一。

当旅行者循凯里环线或更长的大西洋荒野海岸之路(Wild Atlantic Way)而来,寻觅沿途引人注目的城堡和迷人的石圈时,或许从未意识到,他们身边就有个首屈一指的黑暗天空之地——

如果你还计划从凯里黑暗天空保护区继续沿大西洋荒野海岸之路北行，记得一定要去海湾海岸（Bay Coast）的巴利克罗伊国家公园（Bally-croy National Park）和内芬荒野（Wild Nephin Wilderness）看看，这两处保护区在2016年被联合指定为梅奥黑暗天空公园（Mayo Dark Sky Park）。白天，你可以多了解这片独特的泥炭沼泽，夜晚则在克拉艮山步道（Claggan Mountain Boardwalk）或莱特金小屋（Letterkeen Bothy）观赏夜空。在天气晴朗的夜晚，能看到足足4500颗星。

重要信息

何时去: 阴雨、多云是爱尔兰这一区域的常见天气。7月至9月的天空最为澄澈。

网址: *http://kerrydarksky.com*

开阔的原野与充满田园风情的爱尔兰乡间在白天看来就很美，当太阳落山，它们又帮助黑暗的天空得以留存。凯里黑暗天空保护区总面积约270平方英里（699平方公里），境内有好几处小村庄。不过，在绝大多数情况下，核心区域依旧几乎没有光污染——哪怕是在距此仅仅40英里（64公里）开外的基拉尼镇（Killarney）上也是如此。入夜后，即便是训练有素的天文学家，想要从这片天空的浩瀚群星中分辨各个星座，也得费上一番功夫。

在展示黑暗天空对旅行者的吸引力方面，凯里黑暗天空保护区堪称观星地的典范。白日游多以野生动物、地理知识和本地历史为主题。除此之外，凯里黑暗天空保护区还拥有许多训练有素的观星向导，他们会引导你享受天黑之后的美景。这些一流的向导着重介绍星座、现代天文学科和天文学在新石器时代文明中的重要性，在仿佛拥有魔力的凯里郡，这一时期的文明在许多石圈和遗迹中扮演着重要角色。

凯里黑暗天空保护区的旅游办公室设在丹吉根（Dungeagan），提供保护区内资源设施以及20余处可停车区域的信息，以便来访者可以轻松前往观星。

拉蒙凹地

以色列

虽说在英语里，"拉蒙凹地"（Makhtesh Ramon）经常被误译为"拉蒙撞击坑"（Ramon Crater），但事实上，这个位于以色列内盖夫沙漠（Negev Desert）的奇妙地质景象与"撞击坑"或"火山"毫无关系——它既不是陨石冲撞而成，也不是火山喷发的造物，而是由千百万年来的侵蚀所造就。这里曾经是一片海洋，后来，穿过阿拉瓦裂谷（Arava Rift）的河流冲蚀出这样一处凹陷，并留存至今，生机勃勃的黏土质山丘和周遭环绕的群山更令它卓越非凡。起源虽与天空无关，但作为以色列南部相对未开发的地区，一望无际的拉蒙凹地也恰恰因此免受光污染的侵扰，从而创造出绝佳的观星机会。2017年，拉蒙凹地被指定为"黑暗天空公园"，也是中东地区的第一个此类公园。

身为世界上最大的侵蚀凹地和以色列最大的国家公园，拉蒙凹地也是观赏该地区独特动植物的好地方，从狐狸、瞪羚、豹到野马，应有尽有。设在米兹比拉蒙（Mitzpe Ramon）镇上的

游客中心是出发探索凹地的起点，其中设有一个生态拉蒙（Bio-Ramon）小动物园，你可以在这里近距离看到一些野生动物。这处游客中心就坐落在凹地边缘，里面的工作人员非常乐于提供帮助，并能够解答有关拉蒙凹地自然保护区（Makhtesh Ramon Nature Reserve）、动植物栖息情况以及户外活动等问题。博物馆主要用来纪念在哥伦比亚号航天飞机失事中丧生的以色列宇航员伊兰·拉蒙（Ilan Ramon），欢迎对太空探索和天文感兴趣的人们来访。其余部分和几部影片则聚焦拉蒙凹地的地理与自然历史。凹地内辟有徒步道和骑行道，可攀岩、绳降，也可自驾或聘请导游一同驾驶四驱车穿越沙漠。留宿拉蒙凹地心脏地带的Be'erot野营地是一种独特的体验，你可以在这里露营，了解贝都因（Bedouin）文化，睡在群星之下。营地住宿含一顿传统餐食，有新鲜出炉的皮塔饼（pita）和甜茶。

鉴于这里的沙漠性气候，拉蒙凹地大半区域都未经开发，整个区域的

拉蒙凹地里生活着种类惊人的生物

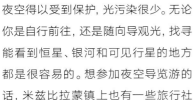
© lukas bischoff / Alamy Stock Photo

以色列自然与公园管理局首席生物学家诺姆·利德尔（Noam Leader）说："对大多数旅行者来说，一片未受污染的纯净夜空以及夜空中的银河与千万繁星，都是难得一见而又令人心生敬畏的景象。遗憾的是，由于光污染，他们无法在家享受这样的景色。当人们意识到这样的景观越来越罕见，便会感到自己有责任去保护它。同时，观星也是很好的宣传教育机会，让来访者能够在回家后问问自己，他们是怎样在自己生活的地方'失去星星'的，进而行动起来，努力改变现状。"

重要信息

何时去：夏季白天炎热，夜间凉爽，是最适合露营观星的时节，但一定要记得多补充水分。

网址：*www.parks.org.il*

夜空得以受到保护，光污染很少。无论你是自行前往，还是随向导观光，找寻能看到恒星、银河和可见行星的地方都是很容易的。想参加夜空导览游的话，米兹比拉蒙镇上也有一些旅行社

提供夜间观星的游览行程。来到这片土地，抬头仰望群星，想到自己正站在数个世纪以来贝都因人站立的地方，看着这片与过去相比几乎毫无二致的天空，足以令人兴奋不已。

西表石垣国家公园

日本

在深入东海的日本最南端，冲绳县八重山群岛（Yaeyama Islands）的西表岛（Iriomote）、石垣岛（Ishigaki）、小滨岛（Kohama）、黑岛（Kuro）和竹富岛（Taketomi）组成了西表石垣国家公园（Iriomote-Ishigaki National Park）。想要前往这些岛屿，只能搭乘飞机和渡轮。它们距离中国台湾比距离日本更近，独特的地理位置使这个国家公园为日本地貌增添了特色，其独一无二的亚热带雨林也位于此。2018年，由于偏远的地理位置和相对未开发的状态，西表石垣国家公园被指定为日本第一处黑暗天空公园。西表岛位于石垣岛以西，距其仅仅20公里，可它很容易被视作日本最后的荒野。茂密的丛林和红树林沼泽覆盖了岛上90%以上的地面，周边还点缀着全日本最美丽的珊瑚礁，这也让西表岛成为日本境内自然爱好者的顶级旅行胜地。

去往西表石垣国家公园的旅行者能够欣赏到当地多样的地貌和独特的动植物，而浮潜与深潜爱好者则会格外享受这片鱼类丰富的热带水域。公园内有一些当地独有的保护物种，包括八重山棕榈和西表山猫（它是夜行动物）。此外，你还有机会在石垣岛的於茂登岳（Mt Omoto）徒步，或是探索岛上如画的瀑布，划独木舟穿过红树林，在岛屿周边的珊瑚礁间浮潜或乘船观光。

八重山群岛上有人类社区，也已经有所开发，但总面积228平方英里（591平方公里）的土地上只居住着55,000人，其中大部分集中在石垣岛上。也就是说，白天，你有机会在这座岛上体验当地文化，而夜晚则可以在远不如这里发达的其他岛屿上享受黑暗天空。"黑暗天空公园"称号已经在一定程度上发挥了其影响力，促使西表石垣国家公园展开改善和减少照明的计划，有效降低光污染，使得当地成了日本境内最黑暗的地区之一。

晴朗夜空中的银河与御神崎灯塔（Uganzaki Lighthouse）

© Janelle Orth / Alamy Stock Photo

如果前往西表石垣国家公园享受夜空，不妨考虑再增加一两站，参观一下日本的火箭发射场地。种子岛航天中心（Tanegashima Space Center）和内之浦宇宙空间观测所（Uchinoura Space Center）在不执行发射任务时面向公众开放。在那里，你可以了解到更多有关日本宇宙航空研究开发机构（Japanese Aerospace Exploration Agency，简称JAXA）与日本太空项目的情况。

重要信息

何时去：西表石垣国家公园和八重山群岛全年气温宜人。冬季阴雨和多云天气较多，夏末至秋天更晴朗，天空更明净。

网址： www.env.go.jp/en/nature/nps/park/iriomote

瓦地伦
约旦

约旦的瓦地伦保护区（Wadi Rum Protected）地处阿拉伯沙漠腹地，地形地貌看上去就像是直接从火星搬过来的。锈红色的沙丘在山谷间绵延，两侧是巨大的红色岩石，在经年累月的风霜雕琢下，宛若一个个沉睡的巨人。只要曾看到月亮在这片荒凉美丽的土地上升起，你就不会奇怪为什么瓦地伦会有"月亮峡谷"之称了。

瓦地伦及周边区域并不适合永久定居，这就是为什么约旦的贝都因人若干个世纪以来始终保持着游牧的生活方式。相应地，这片区域也基本未开发，从而免于遭受光污染侵扰。自然，它也就成了冬季观星的首选之地，在这里的冬日夜空中，你能看到猎户座和天空中最亮的天狼星。

在绝大多数约旦游览行程中，瓦地伦都是常规站点，你可以在这里享用一顿当地传统餐食，住进仿制的贝都因人帐篷里，骑上骆驼或坐上四驱车穿越沙漠。白日的炎热到了夜晚便会变得凉爽，无论你住在哪个营地里，只要稍稍离开有照明的小道，就能走进漆黑的夜空，享受观星之趣了。

这一区域内最具外星感的住宿地是Sun City Camp，它在一位欧洲设计师的帮助下建造了网格球顶式样的"火星"圆庐。这些圆球房子的灵感来自周遭地貌和2015年的电影《火星救援》，电影就是在这个地区取景拍摄的，而这些圆庐则让客人有机会看着星星入眠。

瓦地伦位于佩特拉古城遗址以南约60英里（97公里）外，那是约旦著名的"玫瑰城"（Rose City）——名字来源于古城石头的色泽。虽说到佩特拉古城观星不如在瓦地伦便利，但对任何想要坐在星空下享受夜间时光、了解本地风俗与历史的人来说，著名的"夜游佩特拉"都是理想的选择。穿越约旦的常规旅行线路通常都包含以上地点的住宿，每处1~2晚。

瓦地伦是约旦最著名的电影取景地。它首次为大众所知并成为旅游景点，是在电影《阿拉伯的劳伦斯》（1962年）上映之后。近年来，它更是成了科幻电影青睐的外景地，相关电影包括《红色星球》（2000年）、《火星救援》（2015年）和《星球大战外传：侠盗一号》（2016年）。

重要信息

何时去：每年11月和2月至3月是约旦天气最好的时候。白天固然炎热，但瓦地伦的夜晚可能有些凉，如果打算观星，记得多带些衣服。

网址： *http://international.visitjordan.com/Wheretogo/Wadirum.aspx*

上起顺时针方向：瓦地伦上空的银河；佩特拉古城卡兹涅神殿（Al-Khazneh）前点亮的蜡烛；白天的瓦地伦

埃尔谢比

摩洛哥

如果北非就在你的旅行计划清单里，而且你希望在行程中纳入一个黑暗天空的热门地，摩洛哥或许就是最好的选择。旅行者前来体验这个国家兼收并蓄又引人入胜的中东、欧洲与非洲风情，而后带着阿拉伯人居住区里色彩缤纷的纪念品离开。在游玩摩洛哥的旅途中，观星也是可以实现的一环，只要离开沿海的大城市，前往撒哈拉沙漠的不毛之地即可。埃尔谢比（Erg Chebbi）和它人烟稠密的中心城镇梅尔祖卡（Merzouga）是体验骑骆驼旅行、了解沙漠传统生活的好地方，与此同时，你还能享受到一望无际的星空。摩洛哥有丰富的中世纪伊斯兰天文学历史，也曾经历过天文发现的黄金时代。此外，摩洛哥乌凯麦丁巡天观测站（Morocco Oukaïmeden Sky Survey; 简称MOSS）也

左起：穿行在摩洛哥撒哈拉沙漠中的旅行驼队；沙漠银河

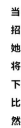

当一个富裕的家庭拒绝招待一名贫穷的妇人和她的儿子后，上帝发怒了，将他们埋葬在了沙丘之下。这片沙丘便是埃尔谢比。沙丘伴随着传说巍然耸立，俯瞰着双子村庄梅尔祖卡（**Merzouga**）和哈西拉比德（**Hassi Labied**），满足了许多旅行者对于摩洛哥沙漠的想象，也使这里成了梦幻的沙漠旅行地。但埃尔谢比的美丽景色加上梅尔祖卡的便捷，也使得代价随之而来——成为热门目的地之后游客量一路飙升。

重要信息

何时去： 摩洛哥的夏季非常炎热，而沙漠的冬夜很冷。春天（3月至5月）来吧，那时沙漠绿洲水草丰茂，不然就选择秋天（9月至10月）前来。

网址： *http://moss-observatory.org/*

在这里，就坐落在这片荒野间的高阿特拉斯（High Atlas）山上。

梅尔祖卡镇深入内陆地区，靠近阿尔及利亚边境。该地区的最大特色就是埃尔谢比，这是一片石质荒漠上的沙丘海。大多数参加摩洛哥全境多日游的旅行者会发现，梅尔祖卡就在自己的行程单中，而自由行的旅行者从马拉喀什驱车9小时即可抵达。从豪华酒店到沙漠露营地，梅尔祖卡不乏各种住宿选择。来这里的人通常会参加前往埃尔谢比的导览游，可以参加的项目有滑沙、沙漠摩托和四轮车竞赛，或是骑骆驼。

许多旅行社都提供观星主题的游览行程，让你有机会住在沙漠营地里看星星。有的行程提供导览解说，甚至可能配备望远镜。埃尔谢比的夜空依旧黑得惊人，这片星垂平野阔的沙漠是观赏银河的绝佳地带。不妨在扎戈拉（Zagora）附近的观星旅馆——SaharaSky停留一晚，旅馆有自己的天文瞭望台。

纳米布兰德自然保护区

纳米比亚

沙漠和贫瘠荒凉之地一向能跻身全球最棒观星地之列，恶劣的生存环境限制了人类发展与光污染。在纳米布兰德自然保护区（NamibRand Nature Reserve）里，保护措施更进一步提升了这个地处非洲南部的国际性黑暗天空保护地的澄澈度。

纳米布兰德自然保护区脱胎自一项私人性的保护计划，由JA Brückner于1984年创建。他是一位成功的商人，一开始只是在纳米布沙丘国家公园（Namib-Naukluft National Park）里买下了一块农场。之后，他与其他农场主合作，成功请愿，将这片土地变成了自然保护区。

如今，总面积超过531,277英亩

左起：纳米比亚纳米布兰德自然保护区荒原上的斑马；纳米布沙漠的星空

Murray Tindall是纳米布兰德自然保护区的一名管理员，他早已领略了随时都能在纳米布沙漠荒野中享受夜空与群星的乐趣。**Tindall**负责确保将保护区内的光污染程度控制在标准范围内。因此，他在工作中，有许多时间可以用来观察黑暗的天空："欣赏一轮满月自沙漠平原上缓缓升起的景象，永远不会嫌腻，扔块毯子躺在地上数流星也是一样。"

重要信息

何时去：12月至次年4月是最温暖也最潮湿多雨的季节。如果为野生动物而来，不妨选择5月至10月的旱季。

网址： *www.namibrand. com*

（215,000公顷）的纳米比亚沙漠和稀树草原，都被纳入了这个当地最大私人保护区的保护之下。白天，旅行者可以寻觅包括斑马、跳羚、捻角羚、鬣狗等等在内的多种非洲南部动物。最常见的日间活动是跟随导游"游猎"——当地向导会讲解丰富的自然景观，指点你寻找并分辨不同的动物。

虽然初衷只是为了保护独特生态系统中的动植物，但无形间，纳米布兰德自然保护区也成了黑暗天空的庇护所。2012年，这里得到认证，获"黑暗天空保护区"称号，保护区内所有建筑都必须遵守低污染的照明标准。

对前往纳米布兰德的旅行者来说，主要有3个落脚选项，其中包括&Beyond Sossusvlei Desert Lodge。这家高档沙漠住宿地拥有自己的天文台和一部直径12英寸（30厘米）的观星望远镜，更有常驻的天文专家提供指导，是全球最好的观星点之一。好几家旅行社也在其穿越保护区的导览游中提供观星信息。在保护区内还有值得一去的教育中心——纳米布沙漠环境教育中心（Namib Desert Environmental Education Trust；简称NaDEET），所涉内容丰富而广泛。

劳威斯米尔国家公园

荷兰

左起：日落时分的米尔佛霍风车（Meervogel）；Moddergat的瓦登海岸

荷兰是欧洲人口最稠密的国家，也是世界上光污染最严重的国家之一，即便如此，它依然拥有一处西欧最好的夜空观赏地——劳威斯米尔国家公园（Lauwersmeer National Park）。尽管保护夜空并非劳威斯米尔建立时的初衷，但这处公园的地理条件和所在方位决定了其开发的难度，让荷兰有机会在它的北部海岸上空留下一片漆黑的"飞地"。

劳威斯米尔是一个人造湖，临近瓦登海（Wadden Sea），这里也是联合国教科文组织认定的世界文化遗产。它诞生于1969年，最初是为了在潮间带争取可利用的土地而建立的，后来才渐渐发展成一处天然庇护所。当水被抽

据已在劳威斯米尔工作多年的管理员Jaap Kloosterhuis透露，劳威斯米尔国家公园近期刚刚与附近的格罗宁根大学（Groningen University）天文系签订协议。"我们将共同组织观星之夜活动，由天文系学生携带望远镜前来，解说恒星、行星和其他天文现象，"Kloosterhuis说，"在不远的将来，我们希望能够进一步扩大合作，修建一座天文台。"

重要信息

何时去：春秋两季气温宜人，再加上有机会看到成百上千种飞鸟迁徙，是前往旅行的最佳时节。

网址：*www.np-lauwer smeer.nl*

干后，暴露出的土地松软多隙，并不适合人类发展，却恰好是鸟类和其他动植物的理想栖居地。2003年，为保护生存在这一地区的生物物种，劳威斯米尔被确认为国家公园。2016年，公园获得"黑暗天空公园"称号。这两项认证确保劳威斯米尔在白天和夜晚都可以维持不被开发的原始状态，成为荷兰一处独特的存在。

白天，来访者多半沉迷于劳威斯米尔国家公园内栖居的丰富鸟类。全年皆可观鸟，春秋两季的候鸟迁徙期观感更棒。此外，来访者还可以寻找不品种的兰花、狐狸、牛和马，它们把国家公园当成自己的家。

待太阳落山，你就可以抬起头体验劳威斯米尔的馈赠了。尽管公园距离阿姆斯特丹不足2小时车程，城市的灯光却完全影响不到这里。温暖的月份里可能看到银河，在条件理想的冬夜甚至可能看到极光。劳威斯米尔国家公园欢迎观星者自行前往，而荷兰的林业管理机构"国家树林管理处"（Staatsbosbeheer）则提供有组织的各类活动，包括观星、欣赏流星雨，甚至观察或追踪生活在公园内的夜间生物。水月镜湖天，皆自然之趣。这块幸存于欧洲腹地的黑暗天空之所堪称无与伦比。

奥拉基-麦肯齐黑暗天空保护区

新西兰

在人类早期历史中,夜空是文化传说和信仰体系中的主角。在人造光和电力尚未出现的年代,星星是每个人每天晚上都能欣赏的重头大戏,有关星星、星座和其他天文现象的传说故事似乎和星星本身一样多。在新西兰的毛利文化里,这一点尤其显著——他们不但有关于夜空的丰富传说,还懂得利用星星在新西兰岛屿周边导航。

多亏了这样的历史,新西兰长期以来一直是天文学家和日益增长的天文旅行者的天堂。奥拉基-麦肯齐黑暗天空保护区(Aoraki Mackenzie Dark Sky Reserve)地处新西兰南岛心脏地带,是在这个国家观赏夜空的最佳去处之一。保护区将奥拉基(库克山)国家公园[Aoraki (Mt Cook) National Park]和麦肯齐盆地(Mackenzie Basin)合二为一,于2012年获得认证,为这一地区的黑暗天

上起顺时针方向:约翰山天文台;云雾出岫的奥拉基(库克山);独赏塔斯曼冰河湖(Tasman Glacier Lake)

空持续提供保护(实际上,这样的努力从20世纪80年代就开始了)。

在奥拉基-麦肯齐黑暗天空保护区里,白天的热门活动主要是徒步和攀岩。冰川融水补给着蒂卡普湖(Lake Tekapo)和普卡基湖(Lake Pukaki),湖水如绿松石般,在湖上泛舟也是很受欢迎的项目。到了夜晚,来访者云集到约翰山天文台(Mt John Observatory)观赏星星——在晴朗的冬日夜晚,还有可能看到极光。这处机构由位于克赖斯特彻奇(Christchurch;城市距此有3小时车程,因此不必担心光污染问题)的坎特伯雷大学管理,提供夜空游览项目,还可以通过他们的众多望远镜观察天体。天文台装备有一架直径1.8米的天文望远镜,专供科研所用,这架望远镜是与日本合资建造的。此外,另有一架专供旅行者使用的望远镜。想要安排行程就必须提前通过Earth & Sky旅行社预订,出发集合点在附近的蒂卡普小镇(Tekapo)。

Steve Butler是一名黑暗天空倡导者,曾协助申请奥拉基-麦肯齐黑暗天空保护区的认证。他曾向一群到访的客人(其中包括政要人员)展示奥拉基-麦肯齐上空纯净自然的夜空。"听到他们为浩瀚无垠的夜空而赞叹惊呼,让人格外高兴,"**Butler**说,"他们说,这让他们对自己日常繁忙而充满挑战的生活有了新的认知。"此外,**Butler**还与新西兰的皇家农业协会(**Royal Agricultural Society**,简称**RAS**)合作,努力降低保护区以外的光污染。

重要信息

何时去: 5月至8月的冬季是欣赏夜空和极光的好时候。

网址: *https://macken zienz.com*

奥提瓦 (大屏障岛)

新西兰

奥提瓦 (大屏障岛, Great Barrier Island, 简称GBI, 毛利土著语里称Aotea) 临近新西兰北岛海岸, 一方面因开发程度低而少有光污染, 另一方面拥有岛屿独特的黑暗天空优势。岛上将近60%的面积都处于新西兰环保部的管辖下, 确保了这处自然空间日夜都能得到保护。

这座岛屿是全球仅有的5处"黑暗天空庇护所"(Dark Sky Sanctuaries) 之一, 这是黑暗天空认证的最高等级。这里也是公认的南半球夜空最佳观赏地之一, 可以欣赏到毫无人造光干扰的夜空。通常, 来访者们白天徒步, 夜晚露营或入住小屋。最受欢迎的步行路线是"奥提瓦线"(Aotea Route), 需时2~3天, 也是奥克兰地区唯一的多日徒步线。到奥提瓦 (大屏障岛) 旅行并不算便捷 (正因为缺乏旅游设施, 才能保留如此纯净天然的天空), 但一旦上了岛, 要欣赏夜空就很容易了。你能看到包括南十字座和麦哲伦云等只可能出现在南半球的天文景观。

如果在辨认星座时需要帮助, 当地旅行社Good Heavens提供一项名为"黑暗天空大使"(Dark Sky Ambassadors) 的服务。驻地专家会为你指出夜空中最醒目的星体, 比如昴星团 (Pleiades), 由7颗星组成, 毛利人称之为"七姐妹"或"玛塔里基"(Matariki), 它的出现标志着毛利新年的开始, 具体日期是每年5月底"七姐妹"从地平线上升起之日, 或是它们升起后的第一个新月之日。渐渐地, 这一天便成了整个新西兰的节日。另一种传统说法认为玛塔里基是1颗母星, 6个女儿簇拥着她。事实上, 整个星团由上百颗星组成, 但这7颗是肉眼可见的。导游会提供双筒或单筒望远镜, 以及一顿星光下的黑暗天空晚餐。

上起顺时针方向: 在新西兰的星空下露营; 南十字座; 奥提瓦 (大屏障岛) 的菲兹罗伊码头 (Port Fitzroy Wharf)

"我已经在奥提瓦 (大屏障岛) 生活了30年, 银河的美丽依然每每让我惊叹不已。"奥提瓦 (大屏障岛) 地方议会的主席Izzy Fordham说, "在这样一座没有街灯和霓虹灯牌交织的孤岛上, 在晴朗的夜里, 你能看到永恒。我们听说了, 世界上的许多地方都已经看不到银河了, 我们不希望这样的事情也发生在我们这里。"感谢这座岛屿的"黑暗天空庇护所"身份, 后人依然能在这里看见银河。

重要信息

何时去: 冬季 (6月至8月) 夜晚冷冽、纯净, 适合观星。带好相应的装备。

网址: *www.greatbarrier.co.nz*

英阳萤火虫生态公园

韩国

左起：瞻星台；银河下的首尔塔

　　既然以夜行昆虫为名，公园的自然保护当然能从中受益。英阳萤火虫生态公园（Yeongyang Firefly Eco Park）是朝鲜半岛光之海洋中的一座黑暗孤岛。和东亚许多地方一样，在这里，高速发展与城市化消减了黑暗，增加了光污染，有的地方甚至成了全球光污染最严重的地方。英阳萤火虫生态公园位于韩国东部王避川流域生态自然景观保护区（Wangpi River Basin Ecological Landscape Protected Zone）的一个山谷里，与繁华热闹、极度现代化的首尔截然不同。

　　若是失去黑暗，受影响的并不只有萤火虫，正因为这样，英阳萤火虫生态公园在2015年被指定为"黑暗天空公园"，这是亚洲第一个得到认证的黑暗天空公园。早在得到正式认证之前，

© Xiquinho Silva; © nattanai chimjanon / Alamy Stock Photo

把庆州（Gyeongju）的瞻星台（Cheomseong-dae）加入行程吧。那是亚洲现存最古老的天文观测台，也是全球最古老的天文台之一。这座石塔的历史可以追溯到7世纪，其构造看来与天文历有关，就连名字"Cheom-seongdae"直译过来都是"观星的平台"。瞻星台这一不可思议的遗址，证明了天文学在整个人类的历史上始终拥有重要地位。

重要信息

何时去：夏季（6月至8月）是最好的旅游季，那时天气温暖，还能看到公园里大名鼎鼎的夜间生物。萤火虫活动的高峰期是夏季，白天与黄昏都比较长，做好熬夜的准备。

网址： *www.yyg.go.kr/np*

英阳萤火虫生态公园在天文爱好者中的热度就一路飙升。大家都认为，它是韩国所剩不多的还能看到纯净夜空的地方之一。从釜山、大邱或首尔均有火车开往公园，时长2.5～4.5小时。也就是说，这些城市的1600万居民、周边区域的上百万住户以及旅行者都能前往英阳，体验短途的过夜旅行。

英阳萤火虫生态公园本身提供住宿，并设有一处教育中心和一个天文馆兼观测台。天文观测台拥有5架望远镜，你可以通过其中一架观察银河、星系团、星云和行星。当然，看萤火虫就完全用不着望远镜了。白天有观日活动可参与。记得在生态公园的网站（韩文）上报名参加夜间观星活动——如果打算将这一项目加入行程，建议预订。

奥尔巴尼亚

西班牙

奥尔巴尼亚（Albanyà）位于西班牙东北端，邻近法国边界，不是一个热门旅行目的地。然而，对天文旅行者来说，这个加泰罗尼亚的旅行目的地绝对不可错过，因为奥尔巴尼亚是西班牙第一个获得黑暗天空认证的地方，同时拥有星光基金会（Starlight Foundation）和国际黑暗天空协会的双

左起：夜空下的西班牙高山村庄；奥尔巴尼亚的圣洛伦索德苏斯修道院（Monestir de Sant Llorenç de Sous）遗址

© marcin jucha / Alamy Stock Photo; © Josep Maria Viñolas Esteva / Creative Commons license

重认证。

天文旅行是吸引旅行者前往奥尔巴尼亚的最大诱惑，整个市政当局都在尽力将奥尔巴尼亚建设成享受夜空的好地方。而奥尔巴尼亚本身只有不到200名居民，乡村环境为自然保留下了它的夜空。通常在这里观赏夜空的旅行者大都是来自加泰罗尼亚的本地人，但随着它在2017年被认证为"黑暗天空公园"，更多的旅行者必将认识到头顶这片黑暗天空的奇妙。

对来到这一地区的旅行者来说，Bassegoda公园（Bassegoda Park）不容错过。这处住宿及露营地提供各种各样的观星活动及夜间项目，能够帮助旅行者更好地了解天空。在这里，夏季的天文活动一年比一年丰富，吸引着越来越多的旅行者前往，助力奥尔巴尼亚变身观星胜地。Bassegoda公园就在奥尔巴尼亚外面，对想停留在观星地的旅行者来说是个很好的选择。白天，你可以享受乡野之趣，在游泳池里放松身心，或是和这里的其他观星爱好者聊天。

奥尔巴尼亚天文台于2017年正式运行，拥有一架直径15.7英寸（40厘米）的望远镜，对想欣赏夜空的旅行者来说也是一大诱惑。本地区其他可自行前往的热门观星点包括El Casalot和El Pla de la Bateria，这两处都向公众开放，但没有天文设施。就本身环境而言，它们或许更适合了解夜空的旅行者或希望远离人群寻找拍照机会的天文摄影师。这里是加泰罗尼亚星空最璀璨的观赏地之一，没有光污染，可谓天空朝圣的绝佳选择。

如果你不懂加泰罗尼亚语或西班牙语，那就夏天来吧，届时会有使用英语的各类活动——这是天文台主管Pere Guerra给出的建议："我们的观星活动旨在为来访者提供独一无二的感官体验，由著名天文摄影师Juan Carlos Casado领衔的天文研究人员将引领参观者进入一场穿行天空的视听之旅，活动内容会根据一年中不同时节和当时的天气情况做出相应调整。"

重要信息

何时去：5月至9月，白天与夜间的气温都很舒适，有更大概率出现适合观星的晴朗夜空。

网址： *www.basse-goda park.com*

布雷肯毕肯国家公园

英国

在威尔士南部心脏地带有一处微缩的威尔士地貌风景，来访者不但可以探索绵延起伏的田野、登山，还能体验8000年的人类历史，仰望头顶的天空——那是英国最黑暗的星空之一。布雷肯毕肯国家公园（Brecon Beacons National Park）距离加的夫市（Cardiff）不过短短1小时车程，却感觉仿佛完全是另一个世界。

白天，绝大多数前往布雷肯毕肯的旅行者会选择体验当地多样的地貌风光，这里有4处山丘和山脉。还有很多人会选择长途漫步或徒步之旅，穿越乡间，看看威尔士山地小型马和羊群。在这些丘陵间，你会看到湖泊、瀑布、新石器时代的遗址和立石群。而白天还有一项同样有吸引力的游玩项目，

上起顺时针方向：在斯诺登尼亚黑暗天空保护区（Snow-donia Dark Sky Reserve）月下露营；银河跨越威尔士的立石；公园里的威尔士小型马

那就是深入地下，探访交错连接的天然洞穴和地下矿洞……只是这样的黑暗中并没有星星可看！

到了夜晚，整个布雷肯毕肯国家公园就被繁星密布的夜空覆盖了——自从2013年以来，这里就得到了本地社区的保护，并被认证为黑暗天空保护区。你可以站在石圈阵中观星，也可以就在小镇外没有照明的地方欣赏夜空，整个公园的照明都是依照低光污染标准设置的。晴朗的夜里，通常都能看到银河和仙女星系，极光活动特别强烈时甚至能看到北极光。

加的夫天文学会（Cardiff Astrono-mical Society）全年开办各种活动，鼓励本地居民和旅行者享受威尔士的国家公园和公园内的夜空。历史和考古天文学爱好者同样能找到吸引他们的地方，公园里的波厄斯（Powys）地区发现了奇妙的石圈阵，人们认为它们与天文有关。

布雷肯毕肯国家公园是威尔士的3个国家公园之一，也是2个黑暗天空保护区中首先获得认证的。另一个是斯诺登尼亚国家公园（Snowdonia National Park），公园里遍布瀑布和湖泊。途中还会经过一个黑暗天空公园——艾兰谷庄园（Elan Valley Trust），是威尔士观星公路之旅中非常棒的一处目的地。彭布罗克郡海岸国家公园（Pembrokeshire Coast National Park）是一处黑暗天空探索地（Dark Sky Discovery Site）。就黑暗天空保护区域占地面积的比例而言，威尔士位居全球前列。

重要信息

何时去：除夏季以外均可，做好准备，夜间气温较低（冬季有雪）。

网址： www.breconbeacons.org

埃克斯穆尔国家公园

英国

一个国家公园的设立可能出于许多原因：保护独特的地质构造、保护动植物种、保护特定区域的原生态，或尽量减少人类的影响，或是兼而有之。埃克斯穆尔国家公园（Exmoor National Park）是英国政府在20世纪50年代首批认定的国家公园之一，以上理由兼具。这是一片融合了沼泽荒野、林地、田园和悬崖海岸的土地，人类与动物在这里定居的历史都已超过了8000年。野鹿和小型马在立石和古罗马遗址间徜徉，你也常常能遇见其他旅行者在乡间漫步。除了参观邓斯特城堡（Dunster Castle）这一必备活动外，登山、骑行和骑马也是埃克斯穆尔的热门项目。

至于日落之后旅行者能够得到的体验，埃克斯穆尔也早已获得认证。它是欧洲资历最深的黑暗天空保护区，2011年即获得认证，至今依然被认为

是在英国观星的最"黑暗"之地。人们从英国各地赶来埃克斯穆尔观星，境外来客也越来越多。自2017年起，旅行者可以在每年10月下旬前来参加为期两周的节庆，享受各种夜间活动，包括观星爱好者活动、天文展览、流星雨追踪（节日期间恰逢猎户座流星雨的活动高峰）和天文学讲座。这个节日主要聚焦天文活动，但埃克斯穆尔全年都是欣赏夜空的好去处。

达尔弗顿（Dulverton）、邓斯特（Dunster）或林茅斯（Lynmouth）等地均设有游客信息中心，找一家去领取埃克斯穆尔的观星指南资料，其中包括全年各个季节能看到的主要星座列表，便携易查。你还可以在信息中心租望远镜，提升观星体验。公园管理员能够告诉你埃克斯穆尔最棒的观星点都在哪里，比如国家公园内一些著名的山峰和湖边。

Ben Totterdell是埃克斯穆尔国家公园的教育及解说经理,负责向公众介绍公园的夜空。尽管天文之夜是体验公园的绝佳机会,但**Totterdell**依然鼓励旅行者随时前来观星,哪怕当天并没有任何活动安排。

"虽说我们会通过举办活动来让大家借助望远镜观察到裸眼看不到的天空,但就我个人而言,只要抬起头,看到布满繁星的纯净天空,那就是最纯粹的享受。"**Totterdell**说。

重要信息

何时去:埃克斯穆尔全年气候温和,适合观星。10月至次年3月气温较低,阴雨或多云天气也更多,会对欣赏夜空造成一定干扰。

网址:*www.exmoor-nationalpark.gov.uk*

上起顺时针方向:埃克斯穆尔岩石谷(Valley of the Rocks)上方的银河;公园内紫色石南丛中的绵羊;岩石谷入口风光

加洛韦森林公园

英国

左起：公园里的雄雀鹰；加洛韦山间石南盛放

　　加洛韦森林公园（Galloway Forest Park）有山川峰峦、深谷湖泊的如画风光，和许多在20世纪被划为保护区的地方一样，在一开始，它并不是为了保护夜空而建。这个苏格兰林业委员会（Forestry Comission Scotland）下辖的公园在1947年建立时的初衷，是将这片苏格兰南部299平方英里（774平方公里）的乡间土地划出来，专供旅行者前来徒步、高山骑行，甚至攀冰。

　　随着时间的推移，很显然，加洛韦森林公园还为来访者提供了某些夜间的独特风景。2009年，它成为英国第一个得到认定的黑暗天空公园。从那之后，公园核心区域对于光污染的防护力

© smharperphotography / Alamy Stock Photo; © travellinglight / Alamy Stock Photo

如果你无法亲身前往苏格兰欣赏加洛韦森林公园上空的黑暗天空，也还是有机会通过超强虚拟现实技术远距离体验这样的景象。苏格兰官方旅行社VisitScotland已经发布了一款虚拟现实App，其中就包括加洛韦森林公园的黑暗天空体验。

重要信息

何时去：和英国其他黑暗天空地一样，夏季（5月至8月）是最佳探访季节，气候温暖，天空明净。但夏天也意味着黑夜较短，请做好准备，你可能得守到深夜才能看到最黑暗的天空。

网址：*https://scotland. forestry.gov.uk/forest- parks*

度进一步加强，取消了一切永久性的照明设施和光源。如今，在这片英国最大的森林公园中心地带，你能看到最黑暗的夜空。

对于希望自由安排时间，白天体验公园风光，晚间欣赏夜空的旅行者来说，加洛韦森林公园是完美的旅行地。三处游客信息中心均提供公园活动项目和黑暗天空观赏点的信息。位于Clatteringshaws的游客信息中心被认为是观星的最佳基地，因为它就在公园的黑暗核心区旁边。加洛韦公园允许露营，所以你可以在公园里选一个地方过夜。

想要让行程再丰富一些，可以去看看苏格兰黑暗天空天文台（Scottish Dark Sky Observatory），它就位于森林公园的北部边界。挑一场夜间观星活动参与，透过直径20英寸（51厘米）的改正型达尔-柯肯姆望远镜（Corrected Dall-Kirkham telescope）和直径14英寸（36厘米）的施密特-卡塞格林望远镜（Schmidt-Cassegrain telescope）观察天空。天文台还有一个天文馆，白天开放。务必提前上网查看天文活动日程表，因为所有活动都需要预约，而且天文台只在有活动的夜晚才开放。附近的另一处观星选择是Selkirk Arms Hotel，这家酒店举办周末观星活动，有专业天文研究人员参加。

诺森伯兰国际
黑暗天空公园

英国

环抱着哈德良长城（Hadrian's Wall）以及英格兰和苏格兰边界的是欧洲最大的黑暗天空保护区。诺森伯兰国际黑暗天空公园（Northumberland International Dark Sky Park）于2013年设立，是在欧洲观赏夜空的最佳地点之一。无论白天黑夜，你可以来到这里领略将近615平方英里（1593平方公里）的英国荒野，其中包括诺森伯兰国家公园及其附属的基尔德水库与森林公园（Kielder Water & Forest Park）。将两个独立公园纳入同一片黑暗天空规划之下，诺森伯兰国际黑暗天空公园也是开先河之作。

诺森伯兰国际黑暗天空公园地处爱丁堡（Edinburgh）、纽卡斯尔（Newcastle）和卡莱尔（Carlisle）之间，当地居民和旅行者都能轻松抵达，享受夜空。驱车90分钟，即可从苏格兰首都前往公园观星，或造访基尔德天文台（Kielder Observatory），参加一场天文学讲座或夜空活动。公园内也有居民点分布，全都遵守光污染管理条例，你完全可以在这里过一夜。

公园里遍布规划好的路径，旅行者白天可以步行游览、徒步或骑行。历史爱好者一定会喜欢这个地区的城堡、防御式宅邸、小教堂、高塔和石墙。为纪念下令建造者而以之命名的哈德良长城是最伟大的罗马工程。这道全长73英里（117公里）的长城建于公元122~128年，旨在将罗马人和苏格兰皮克特人分隔开。直到今天，残存的遗迹依然令人惊叹，展示着罗马人的雄心与韧性。这座规模宏伟的建筑完工后，曾从西部的索尔韦湾（Solway Firth）一直延伸到东部的泰恩（Tyne）河口附近，横贯岛上最狭窄的颈部。城墙每隔1罗马里（0.97英里/1.5公里）开一道门，旁设堡垒守卫，称为"里堡"，相

银河跨越诺森伯兰的Coquet灯塔上空

© Ollie Taylor / Alamy Stock Photo

国家公园管理人员Duncan Wise说:"诺森伯兰国际黑暗天空公园拥有英国所有乡野之中最黑暗、最澄澈的夜空。就拿城市或小镇来说吧,在那里你或许能勉强辨认出5颗到10颗星星。可是,登上哈德良城墙中段这样的地方,你能看见的是超过2000颗明星和银河。"该区域内最佳观星地点包括Cawfields、Stonehaugh的黑暗天空社区和12世纪的哈伯特城堡(Harbottle Castle)遗址。

重要信息

何时去:典型的英国气候,9月至次年4月雨水逐渐增多,云层也越来越厚。夏季更合适,届时气候温暖,是欣赏晴朗夜空的最佳时节。

网址:*www.northumberlandnationalpark.org.uk*

邻里堡之间设两个瞭望炮台。无论是当初属于罗马人的时代,还是在他们离开之后,每一个夜晚,天空都毫不吝啬地向里堡洒下它的全部光辉。

当地的其他热门地点还包括达里堡(Dally Castle)、比德尔斯通教堂(Biddlestone Chapel)和布莱克米登防御石舍(Black Middens Bastle House)。大多数历史遗址都对公众开放,为来访者提供亲身感受数世纪以来英国生活的机会。自行前往观星完全可行,晴朗的夜晚常常可以看到银河。

查科文化国家历史公园

美国

左起：波尼托巨宅（Pueblo Bonito），古印第安原住民大宅遗址；查科文化国家公园（Chaco Culture National Historical Park）上空的星轨

数千年来，夜空在各种不同的人类文明中都扮演着重要的角色，包括美国西南部的一些文明。居住在四州交界地（亚利桑那州、科罗拉多州、新墨西哥州和犹他州的交界范围内）的印第安原住民以其建筑、工程水平和文化著称——他们在查科峡谷（Chaco Canyon）修建的巨大石头建筑屹立至今，被广泛认为是那个时代最令人印象深刻的历史留存。此外，天文考古学家们推测这里的许多建筑都是对应天象修建的。

如今，新墨西哥州的查科峡谷遗址已经被纳入美国国家公园体系受

© Inge Johnsson / Alamy Stock Photo; © age fotostock / Alamy Stock Photo

考古天文学即所谓的"星星与石头的科学",是一门交叉学科,研究古文明如何将夜空融入文化与社会生活中,其中就包括了建筑。诸如英国的巨石阵(Stonehenge)和墨西哥的奇琴伊察金字塔(Chichén Itzá)等遗址都在考古天文学家的关注范围内,因为它们似乎都对应着一些天文概念,比如春分、秋分、夏至、冬至。考古天文学家利用遗迹来研究古代文明与天文现象之间的关系。

重要信息

何时去: 做好应对沙漠性气候的准备。夏季白天很热,冬季夜晚凉爽。春季(3月至5月)和秋季(9月至11月)两个过渡季节是最佳游览时期。

网址: *www.nps.gov/chcu*

到保护,并在2013年获得国际黑暗天空公园称号。光污染控制已经实施,查科峡谷上空的夜空得到了保护,也就是说,来访者可以在这里体验若干个世纪以前古印第安人曾经看过的夜空。

自20世纪90年代末以来,美国国家公园管理局就着手开始实施"查科夜空计划"(Chaco Night Sky Program),鼓励人们前往查科天文台(Chaco Observatory)进行旅行活动。在这里,你将有机会参加有指导的天文学教育活动,活动中将有天文学家和志愿者答疑解惑,或参加一年两次

由阿尔伯克基天文学会(Albuquerque Astronomical Society)协助举办的观星爱好者活动。每逢夏至、冬至(6月和12月)和春分、秋分(3月和9月),公园都会举办特别活动,到访者可以了解查科峡谷内的建筑排布,以及古人记录季节变迁与时间流逝的方法。

白天的热门活动包括徒步、骑行,以及参观遗址。新墨西哥州还保留着19处印第安部落居住点,每个部落都是一个独立的主权国家,有自己独特的文化。几乎所有部落都会做传统的印第安面包,这是一种用"霍尔诺"(horno;砖砌的烤炉)烤出来的面食。

樱桃泉
州立公园

美国

在美国东部很难找到一个能够观看黑暗天空的地方。大规模的城市与郊区发展导致当地居民和旅行者已经很难再看到星空。地处宾夕法尼亚州中心区域北部的樱桃泉州立公园（Cherry Springs State Park）是仅存的几处可欣赏夜空的地区之一，2008年它成为全球最早一批获得认证的黑暗天空公园。整个东海岸的天文观测爱好者已经将这里变成了他们手握望远镜凝望天空的首选地。

对旅行者来说，相对规模较小的樱桃泉州立公园最大的吸引力就是头顶的星空。公园四周环绕着苏斯克汉诺克州立森林（Susquehannock State Forest），正是它将公园与本地区的光污染隔绝开来。最热门的观星点是"天文原野"（Astronomy Field），在那里，你能拥有360度无阻碍的视野，夜空一望无

际。观星者常常能看到银河、行星或流星，条件理想时，甚至能看到星云。如果你有单筒或双筒望远镜，天空会显得更加奇妙。

观星爱好者活动一年两次，在樱桃泉州立公园举办，通常是在6月和9月。届时，周边区域的天文研究者将云

樱桃泉州立公园夜空中的银河

© Elizabeth Creason / Alamy Stock Photo

樱桃泉州立公园的经理助理Scott Morgan希望来访者能够通过参加天文活动而更懂得欣赏黑暗天空。"曾经给予我最大感动的，就是人们看到英仙座流星雨时的反应。"他分享道，"高峰时段里每小时有上百颗流星划过都不是不可能的事，人们常常会发出此起彼伏的惊叹尖叫。这绝对值得亲身体验一次。"

重要信息

何时去：温暖的夏季（5月至9月）游人更多。如果你计划在公园过夜，记得预约，订下你的露营位。冬季记得多带几件衣服。

网址： *https://cherrys pringsstatepark.com*

集公园，公众也能加入其中。每年的最佳观星季有60～85天，但几乎任何时候皆可前往观星。冬天会有点冷，但也有更多机会看到星座，甚至极光。

来访者可以在公园内的指定区域露营，也可以住在附近的考德斯波特（Coudersport）居民点或周边的波特县（Potter County）。白天，你可以一边徒步，一边寻找加拿大马鹿和白头海雕等野生动物。但真正吸引旅行者来到宾夕法尼亚州这个角落的，是我们头顶的天空。大多数人还没有意识到这一点，但在观星爱好者看来，这是弥足珍贵的自然馈赠。

太空营地

美国

既然顶着"太空营地"（Cosmic Campground）的名头，这里跻身全美最黑暗地点之列似乎也就没什么好奇怪的了。事实上，这里还是全球屈指可数的几处黑暗天空庇护所之一。几乎所有庇护所都在很偏远的地区[美国境内还有一处是犹他州的彩虹桥国家纪念地（Rainbow Bridge National Monument）]。就黑暗天空而言，太空营地的面积似乎小了一点，但到了夜晚，它却在新墨西哥州西部的吉拉荒野（Gila Wilderness）和蓝山荒野（Blue Range Wilderness）的中心地带拥有足足3.5英亩（1.4公顷）毫无瑕疵的黑暗之境。虽说名气远逊于白沙国家名胜（White Sands National Monument）、卡斯巴德洞窟国家公园（Carlsbad Caverns National Park）等新墨西哥州其他国家公园，太空营地却是个真正的天文旅行朝圣地。

前往太空营地的旅行者所求的只

上起顺时针方向：吉拉崖居国家名胜；西南部的一次观星爱好者活动；吉拉荒野上的黄道光

有一样：黑暗。既然最近的人造光集中地也远在40英里（64公里）开外的亚利桑那州，自然就很难有地方能比这里更黑了。来太空营地观星，你找不到奢华的住宿设施——通常来说，只有最基础的露营设施（设想一下蹲坑厕所，不通电）。不过，带上一架望远镜，在露营区之外的诸多观察区域里找个地方安顿好，你就将看到一览无余的夜空。

如果选择在太空营地过夜，有一些规则是需要遵守的。身为黑暗天空庇护所，它的每一位造访者都有责任保护黑暗。相关规则包括：日落前抵达以避免使用车头灯；所有照明光源都要蒙上红色滤镜；不能在观测区域附近点燃篝火。太空营地很可能是你能找到的最黑暗的地方之一，那么，遵守规则自然也有助于确保你以及在场其他观察者都享有一个难忘的观星之夜。白天，来访者可以徒步或骑马探索吉拉国家森林（Gila National Forest），或探寻距营地约3小时车程的吉拉崖居国家名胜（Gila Cliff Dwellings National Monument）。

Patricia Ann Grauer 是太空营地的一位老朋友，曾致力于将它打造为北半球的第一处黑暗天空庇护所。她说："我建议在新月前后前往，可能的话，尽量赶在日落前抵达。当太阳西沉，自然光渐渐减弱，大自然的夜空显露真容，行星、恒星、星座、星团和银河开始在天空中闪耀。没有人造光的污染，你的夜视能力足以让你分辨出人、物体和地面，通常连红光手电筒都用不着。"

重要信息

何时去：夏季白天很热，冬季夜晚很冷，春秋两季最理想。

网址：*www.fs.usda. gov/recarea/gila/recarea/?recid=82479*

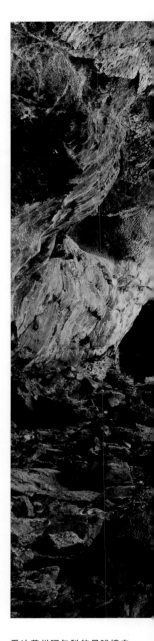

月球撞击坑
国家纪念地和保护区

美国

总有一些地方，明明就在地球上，却让你感觉仿佛踏上了另一个星球。依偎在爱达荷州南部斯内克河平原（Snake River Plain）上的月球撞击坑国家纪念地和保护区（Craters of the Moon National Monument and Preserve）就是其中之一。在这里，"另一个星球"就是月球！

月球撞击坑最初因为1924年的一期《国家地理》引起美国全民关注。当时，一名探险者用"月球上的环形山"来形容它的地貌特征，那些坑洞看起来跟我们最亲近的太空邻居上的环形山很相似。同年，这一地区就得到了保护，但旅行者依然可以前去欣赏那些覆盖整个地区的玄武岩和火山岩。和星际冲击造成的月球环形山不同，月球撞击坑是一处火山遗址，有熔岩隧道、火山渣锥和早已凝固的巨大熔岩流。尽管拥有外星的模样，它却是无可置疑的地球景观，是我们这颗星球动荡地质史的证明。

高海拔上那些鬼斧神工的地貌会让你感觉自己置身"世"外，入夜后这种感觉更甚。如果有合适的装备，而且实在想避开人群，就选择气候温暖的月份来，月球撞击坑会开放好几处营地以及偏僻地区供旅行者露营。熔岩和岩石有助于天文摄影者拍出令人震撼的作品。

数十年来一直有旅行者造访月球撞击坑，夏季来徒步，冬季来越野滑雪。1969年，NASA甚至将这里作为登月宇航员的训练基地，以便他们能更

爱达荷州阿尔科的月球撞击坑及深入印第安隧道熔岩洞的楼梯

重要信息

何时去：夏季是最佳季节，但人很多。平季（春季和秋季）晚上比较冷。

网址：*www.nps.gov/crmo*

好地为任务做准备。宇航员不是地质学家，要让这些未来的太空探索者练习寻找并搜集最具科学价值的岩石样本，月球撞击坑正是理想之地。直到2017年，月球撞击坑的黑暗天空才得到认可，成为国际黑暗天空协会认证的一处黑暗天空公园。它毗邻美国最大的黑暗天空区域之一，2017年被认证为爱达荷中部黑暗天空庇护所（Central Idaho Dark Sky Sanctuary）。

大峡谷国家公园

美国

说到全球顶级观星地，就不可能抛开亚利桑那州，它是全球范围内相关保护最完善、获得认证最多、最适合展开黑暗天空之旅的地方之一。国际黑暗天空协会就创立于图森（Tucson），而亚利桑那州境内获得"黑暗天空"头衔的地方比美国其他任何一个州都多。其中，皇冠上的明珠就是2016年获得黑暗天空公园认证的大峡谷国家公园（Grand Canyon National Park）。

大峡谷是世界上最伟大的自然奇观之一，裂谷深深切入亚利桑那沙漠西北部的千年岩层中，直下6000英尺（2000米）。为保护峡谷而设立的国家公园面积足有1901平方英里（4924平方公里），每年接待游客逾600万。

对大多数人来说，到大峡谷国家

上起顺时针：夜空下的沙漠瞭望塔（Desert View Watch-tower）；亚瓦帕（Yavapai Point）的日出；在大峡谷南缘（South Rim）观星

公园旅行为的是参观地质奇景，或是为了徒步、登山，乃至在造就大峡谷的科罗拉多河上漂流。而如今，观星正日益成为富有号召力的看点，吸引着有心者前来欣赏夜空，就像纳瓦霍（Navajo）、霍皮（Hopi）和哈瓦苏派（Havasupai）等美洲原住民若干世纪以来做的那样。

每年6月，美国国家公园管理局都会举办为期一周的观星爱好者活动，向来访者阐述黑暗夜空对于动植物（包括人类）的重要性，解说光污染的影响。活动期间，有优秀的天文学家、公园管理员、电影制作者和摄影师带来演讲和讲座，此外也有观日和观星活动，公园南缘和北缘都设有望远镜。如果你赶不上6月的活动，秋季也有公园管理员主持的夜间讲座以及从游客中心出发的步行游览活动。无论何时前往，记得上网看看在你停留期间有哪些活动安排。

如果想在观星时避开人群，邻近的大峡谷－帕拉桑特国家名胜（**Grand Canyon-Parashant National Monument**）是个非常好的备选地。事实上，帕拉桑特国家名胜早在**2014**年便获得了"黑暗天空公园"的认定，比大峡谷国家公园还早！这处国家名胜被认为是最荒凉的国家公园之一，没有铺设完好的道路，没有游客服务。恰恰因为如此，它才成了真正人迹罕至而又极适合观星的地方。

重要信息

何时去：春季（3月至5月）和秋季（9月至11月）是造访大峡谷的最佳季节。大峡谷在冬季会有降雪，记得多带几件衣服。

网址：*www.nps.gov/grca*

海岬国际黑暗天空公园

美国

就在紧邻密歇根州下半岛（Lower Peninsula）最北端的地方，一块方圆600英亩（243公顷）的土地兀立于密歇根湖（Lake Michigan）和休伦湖（Lake Huron）之间。海岬国际黑暗天空公园（Headlands International Dark Sky Park）2011年即获得认证，是最早获得这一称号的地区之一，整个公园内几乎都覆盖着古老的树林。从那以后，越来越多的旅行者来到这里，追寻这个国家里最黑暗的天空。

无疑，造访海岬公园的旅行者都是为夜空而来，这个理由已经足够充分了。在海岬公园，晴朗的夜里常常能看到银河，偶尔甚至有北极光出现，特别是在最黑暗的冬季。公园以一个活

海岬国际黑暗天空公园附近，跨越麦基诺水道的麦基诺桥

© David R. Frazier Photolibrary, Inc. / Alamy Stock Photo

海岬公园的经理Shelly House也是"黑暗天空公园"称号守卫团队中的一员。提起多年来帮助来访者体验夜空的经历,她说:"客人们平生第一次看到银河时发出的'哇噢',是我最喜欢的记忆之一。最有意义的,大概就是和某位来自洛杉矶的客人一起经历第一次星空体验。"

重要信息

何时去: 夏天最为适宜,气候温暖,夜间温度舒适,但得等到晚一些天空才能完全暗下来(千万记得带上驱蚊虫的喷雾)。冬天太冷,但因为白天较短,能够观看星星的时间也相应更长。

网址: *www.midarksky park.org*

动中心和观察区作为天文活动的大本营,相关活动包括免费的公众观星,还有观看流星雨等特别活动。公园团队提供自然徒步、提灯步行游和庆祝夏至、冬至的活动,北密歇根天文俱乐部(Northern Michigan Astronomy Club)全年在此举办观星爱好者活动。你可以任选一个周末前往海岬公园,通常周末都有活动,或是可以观看某种当下发生的天象——只要天气晴朗!

白天,来访者可以沿着总长5英里(8公里)标识清晰(多半铺设完好)的小径悠然漫步。其中最热门的是黑暗天空探索小径(Dark Sky Discovery Trail),总长1英里(1.6公里),向步行者

介绍夜空在密歇根原住民文化中代表的文化和历史意义。此外还有一条小径标记出了太阳系的各大行星,介绍它们各自相关的神话传说与科学发现。千万别错过开放的公共沙滩,就在密歇根湖边,那里有一个小水湾。

尽管全年24小时开放,但海岬公园内并不提供任何露营设施。你也可以选择住在附近市镇,比如麦基诺城(Mackinaw City),城里有渡轮开往风景如画的麦基诺岛(Mackinac Island;也因其著名的乳脂软糖而闻名)。南面的睡熊沙丘国家湖岸(Sleeping Bear Dunes National Lakeshore)也值得一去。

天然桥
国家名胜

美国

对地质爱好者和喜好探险的旅行者来说，想要一览水侵、风蚀与时间流逝雕琢出的石拱、石桥，犹他州是梦想之地。整个犹他州将近65%的土地都处于政府保护之下，确保了各类旅行者都能在这个州享受到自然的奇趣。其中既有属于地球的自然奇观，也有来自天空的盛景。因此，作为犹他州第一片

© Yvonne Baur / Shutterstock

Owachomo 桥上空的银河

得到国家保护的土地，天然桥国家名胜（Natural Bridges National Monument）很自然地在2007年就被认定为世界上第一个黑暗天空公园。对热爱观星的人来说，天然桥大概早就列入了他们的"愿望清单"。

白天，你该去看看3座著名的天然桥，要知道，这座公园的名字就因它们而来。3座桥分别是Kachina、Owachomo和Sipapu，名字来源于曾居住在这里的霍皮族原住民。这些砂岩石桥历经千万年的风蚀水侵而成，每一个夜晚，群星都在它们上空转动、闪耀。20世纪，天然桥得到保护，相应措施同时也为黑暗的天空提供了保护。如今，来访者不但可以在这处国家名胜里徒步、露营，待到太阳落山，还可以仰望天空，观察群星。

美国国家公园管理局致力于通过为公共区域（比如洗手间）安装低能耗、低强度灯泡以及触发式的照明设施来降低天然桥景区内的光污染。公园管理员会在夏季举办夜间天文活动，鼓励来访者欣赏夜色。天然桥国家名胜每年接待游客约10万，人们依然在努力，希望一方面提升游客数量，另一方面将来访者对天然地形与夜空的影响降到最低。

摄影师们则会特别留意到，天然桥是全球顶级天文摄影地之一。天然形成的石桥散发着如此典型的西部气息，构成了画面上醒目的前景，背后则是清晰可见的银河，这就足以拍出令人惊艳的好照片了。

不妨去附近的彩虹桥国家纪念地（**Rainbow Bridge National Monument**）看看，这个拥有黑暗天空庇护所头衔的地方也是美国国家公园管理局最初的所在地，目的就是保护它的这一身份。但这里并不容易抵达。唯一的交通工具是横渡鲍威尔湖（**Lake Powell**）的小船，不然就只能徒步14英里（23公里）前往——而且需要获得纳瓦霍族（**Navajo Nation**）的通行许可。彩虹桥被认为是全球最"黑暗"的地方之一。

重要信息

何时去：夏日炎热（35℃以上），冬夜寒冷（0℃）。建议春秋两季前往，届时早晚气温都更为适宜。春天有野花盛开，秋季可观赏落叶。

网址：*www.nps.gov/nabr*

运转中的天文场馆
Astronomy in Action

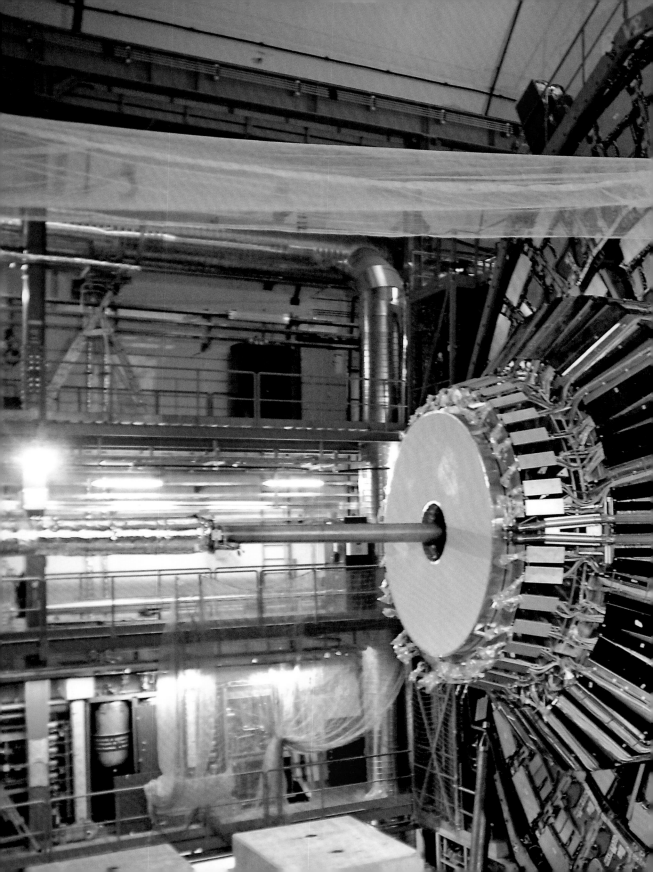

黑暗夜空是自然界给人类最伟大的奇迹之一，只要亲眼目睹过一次，你或许就会燃起兴趣，想要更多地了解我们头顶的这块空中织锦，更近距离地观察它。即便可以借助互联网和普通望远镜，在没有额外指导的情况下，可以学到的关于夜空的知识和能观察到的有趣事物依旧有限。此时，就轮到天文台和其他科研机构登场了。工作人员和研究者们可以就天文学和观星为你提供更多指点，而参观这些地方也是与之近距离接触的机会，正是它们，在不断变革着我们对于宇宙的认知。

本章所列出的，都是值得一游的与天文有关的场所，包括天文台和其他科研场所——从最微小的粒子到最庞大的星系，宇宙的一切伟大奥秘都是它们的研究对象。这些机构场馆的所在地通常都拥有优越的夜空条件，因此，你也可以自行前去观星。许多场馆都向公众开放，但是大部分会有时间限制，或仅开放日间参观，以确保科研工作者们能够不受打扰地开展他们的工作，也避免参观者所造成的光污染。

世界各地的天文工作者普遍涉足各种学科领域，与物理学、化学、生物学等学科携手推进人类关于太空的认知。许多天文学者都在天文台里工作，有的机构就设在地面，比如冒纳凯阿天文台（Mauna Kea）或南非天文台（South African Astronomical Observatory）；有的则进入了太空，借助太空望远镜开展研究，比如美国国家航空航天局喷气推进实验室（NASA Jet Propulsion Lab）运作的哈勃太空望远镜和斯皮策太空望远镜等。此外，天文学家们也通过研究光频光谱获取知识，这时就要用到麦克唐纳天文台（McDonald Observatory）那样的光学望远镜，或阿雷西博天文台（Arecibo Observatory）那样的射电望远镜来提供我

们的星系乃至更遥远太空的完整图画了。收集相关数据的设备会梳理出完整的电磁波谱。事实上，可见光（我们肉眼观星时看到的光）只是这份波谱中很小的一部分，电波、红外线、紫外线、X光和伽马射线也是检视研究的对象，可以从中寻找它们所携带的有关遥远宇宙的信息。比如本书中提到的地面天文台，通常专注于研究可以被天线捕获的电波，以及需借助大型光学望远镜加以搜集的可见光、红外光。光谱学技术能够帮助我们解析藏在这些光线里的密码信息。而X光等其他电磁波则最好在太空中搜集，借助轨道上的天文望远镜（比如哈勃望远镜）进行追踪，因为那里不存在地球大气层的干扰。

并非所有天文学、天体物理学和空间科学的研究工作都是以观测为基础完成的。除了参观先进和具有历史意义的望远镜，天文旅行者还可以在美国阿拉巴马州亨茨维尔（Huntsville；也被称为美国的火箭城）的美国国家航空航天局马歇尔太空飞行中心（NASA Marshall Space Flight Center）了解火箭研究，窥看宇宙的奥秘，也可以去欧洲核子研究中心（CERN）探索更前沿的天体物理学成果，参观科学家们在这里以顶尖科技模拟复制出的"宇宙大爆炸"环境。

到这些地方参观还能让你有机会与专业的天文工作者交流，更好地理解太空和我们所处的位置。和你交谈的科学家们，正在做着推进人类认知的研究，让我们更进一步了解宇宙的构成，了解月球、火星等太阳系内邻居的地理地质情况。大多数情况下，你都有机会接触到一些专业设备，透过它们看一看天空。要知道，那就是科学家们用来研究宇宙的设备。这样的旅程会丰富你对深空的认知，以及对我们的地球家园的了解。

艾尔奇山谷

智利

同夏威夷和加那利群岛 (Canary Island) 一样，智利被认为是全球最佳的天文观测地之一。除了高踞安第斯山脉的圣佩德罗德阿塔卡马 (San Pedro de Atacam; 见122页) 小镇，位于圣地亚哥背面的艾尔奇山谷 (Elqui Valley) 自有其丰富多彩的观星旅行机会。毗邻广袤的阿塔卡马沙漠 (Atacama Desert) 的南缘，高山河流蜿蜒穿过宁静的山村，烈日焙烤下的山坡爬满葡萄藤，安第斯诸峰赫然耸立在远处的天际线上——这就是艾尔奇山谷，以晴朗少雨的气候（年均超过320天都阳光明媚）和异常澄澈明朗的天空而著称的地方。这一地区位于科金博大区 (Coquimbo Region) 内，既有官方设立的天文台，也有位于托洛洛山 (Cerro Tololo) 和帕乔山 (Cerro Pachón) 等山峰上的私人研究机构，比如大学天文台研究联盟 (Association of Universities for Research in Astronomy Observatory; 简称AURA-O) 及其各机构。AURA-O周边地区在2015年被指定为加芙列拉·米斯特拉尔黑暗天空庇护所 (Gabriela Mistral Dark Sky Sanctuary)。这就意味着，它是全球受保护天空中最黑暗的区域之一，哪怕天文台本身在夜间并不向公众开放，这也是观星的首选地之一。

2020年，AURA-O也将拥有自己的大口径全天巡视望远镜 (LSST)，并进入系统搭建和测试阶段。这台望远镜将以其广阔的大视野记录下整个天空的图景。

尽管AURA-O的科研用专业望远镜不向公众开放，但这里还有其他地区性的天文景点可供参观：玛玛于卡天文台 (Mamalluca Observatory) 由美洲天文台 (Inter-American Observatory) 提供部分资金，目的在于向参观者普及本土天文传统和现代天文知识；而庞戈天文台 (Pangue Observatory) 则由一位退休天文学家主理。Elqui Domos有网格状球顶房屋，观赏过夜空之后，你可以直接住在里面；Cosmo Elqui形式类似，提供旅舍内的天文观测点。整个区域内适合天文旅行的住宿选择很多。

上起顺时针方向：艾尔奇山谷的夜空；艾尔奇山谷的银河；Vicuña的天文台

AURA-O的许多望远镜在世界其他地方都有姊妹镜：双子星天文台 (Gemini Observatory) 的望远镜在夏威夷冒纳凯阿火山有姊妹镜，托洛洛山美洲天文台的维克多·M.布兰科望远镜 (Victor M Blanco Telescope) 在亚利桑那的基特峰 (Kitt Peak) 有姊妹镜。在不同地区设置两台望远镜可以让研究者最大程度地获取天空完整图像，获取更丰富的信息。

重要信息

何时去：旅行者最好避开冬季（6月至8月），集中在春秋两季前往。

地点：艾尔奇山谷位于阿塔卡马沙漠以南，圣地亚哥以北。

网址： *https://chile.travel/en/what-to-do/astrotourism/nighttime-visits*

圣佩德罗德阿塔卡马

智利

在靠近智利、阿根廷和玻利维亚三国交界点附近的智利沙漠里，圣佩德罗德阿塔卡马（San Pedro de Atacama）是最主要的旅游目的地，旅行者来到这里体验安第斯山脉高海拔沙漠气候环境，寻求一生一次的美妙观星体验。虽然人口只有5000，但这里是智利顶级的探险与天文旅游胜地。你可以在清晨滑沙或攀岩，白天探索考古遗址，待太阳落山，便有漫天繁星可看了。这处理想的观星地已经吸引到了好几个国际背景的天文台，随着加入者越来越多，这里也开始被称为"查南托尔科学保护区"（Chajnantor Science Reserve）。高海拔加上低湿度，有效降低了信号干扰。

圣佩德罗德阿塔卡马周边遍布望远镜和天文台，但是其中只有部分对公众开放。

阿塔卡马大型毫米/亚毫米波射电望远镜阵（Atacama Large Millimeter/Submillimeter Array，简称ALMA）是由66台射电望远镜组成的干涉仪，通常在周六和周日两天上午开放参观，如果想要亲眼看到最昂贵的地面天文望远镜，记得预订门票。注意，夜间探访ALMA是不可能的。阿拉卡宾天文台（Ahlarkapin Observatory）是由当地向导运营的私人天文台，提供时长90分钟至2小时的夜间游览活动。阿塔卡马宇宙学望远镜（Atacama Cosmology Telescope）和西蒙斯望远镜阵（Simons Array）等该地区其他知名天文台不对公众开放。

圣佩德罗德阿塔卡马之外亦有观星游览项目运营，其中好几家机构都会雇本地导游带领你前往光污染较少的区域，教授天文学知识，指导游客观星，有的机构还包括使用望远镜观星的活动。针对观星旅行人群的本地旅馆业发展迅速，Atacama Lodge甚至在住宿地提供便利的望远镜租赁服务。此外，你也能找到前往月亮谷（Valle de

拉斯坎帕纳斯天文台（Las Campanas Observatory）日出，生机盎然的橙红色霞光

© Alberto Ghizzi Panizza / 500 px

穿越玻利维亚边境即可前往乌尤尼盐沼（**Sal-ar de Uyuni**；见**47**页），或称盐滩，全程需驱车**7**个小时，但既然已经来到这个地区，走这一趟是值得的。乌尤尼盐沼是安第斯山脉中另一处重要的观星地，多日游项目可以让你夜宿沙漠，在踏勘探险之余享受观星的乐趣。

重要信息

地点：San Pedro de Atacama, Antofagasta Region, Chile。

时间和费用：因团队游项目而定。

网址：

https://alarkapin.cl;

www.almaobservatory.org

la Luna）等热门地点的长途观星游。智利或许是全球最大的天文旅游国家（但竞争对手已经纷纷崭露头角），做好准备面对丰富多彩的旅行项目吧，你绝不会缺少选择。"星星"产业在这里发展得如火如荼。

"中国天眼"瞭望台

中国

历时5年,被称为"FAST"的中国天眼(500米口径球面射电望远镜)在2016年终于建成投入使用,并以天文速度为世界所熟知。这口坐落在贵州省平塘大窝凼洼地的"大锅"身背许多"世界之最"的称号——最精确的脉冲星计时阵,最大、灵敏度最高、综合性能最强的单一填充口径射电望远镜。而更令人兴奋的是,如同科幻小说《三体》中的红岸基地,这台旗舰级天文望远镜的一大重要作用便是监测地外文明的无线电信号,这为深居中国西南的贵州平添了更多神秘色彩。

如今,中国天眼早已拿出了漂亮的成绩单。截至2019年10月,由它发现并已通过认证的脉冲星已经多达96颗——当然,这是天文学家们的杰出成果,对于旅行者而言,更大的吸引力来自望远镜本身。宽达500米的巨大碟形天线拥有30个足球场大的接收面积,被50根钢柱支起的球面静悄悄地坐落在远离都市尘嚣的喀斯特山谷中。为了不让电波干扰中国天眼接收来自宇宙的信号,天眼附近的村民早已悉数迁出,参观者也需要在景区的游客服务中心经历双重安检,乘坐摆渡车,前往22公里外的瞭望台,登上789级台阶后才能见到天眼的真身。由于天眼周围5公里半径内均为"静默区",所以任何手机、数码相机、手表、充电器等相关的电子产品,以及刀具、打火机等均不可带入景区。

如果需要在中国天眼所在的天文小镇解决住宿问题,天眼景区游客接待中心旁的星辰天缘大酒店有舒适整洁的房间,其中一些还配有天文望远镜,天气晴好时在晚间会组织观星。

建设中的"中国天眼"

如今前往天文小镇已经相当方便。从都匀发往罗甸，及平塘发往塘边和罗甸的班车都会经过这里，也有从天文小镇发往塘边的公交。在中国天眼的游客服务中心旁边，你可以先在平塘国际天文体验馆了解与射电望远镜有关的天文知识，来一次FAST的仿真体验。在天眼景区附近，你还可以包车游览平塘的天坑群景区，那里有世界最大的打岱河天坑，天坑博物馆展示了世界最大的海百合化石。

重要信息

中国天眼免费参观，摆渡车票50元。每日限流2000名游客，旺季时不可现场购票，须从携程或驴妈妈网上订购。为保险起见，最好在任何季节都提前购票并预约。

南峰

法国

南峰天文台（Pic du Midi Observatory）位于法国南部的比利牛斯山脉之巅，位于乡野之上。天文台始建于1878年，此后一直是欧洲大陆最壮观的天文观测场所。一座博物馆和一家餐厅为峰顶增添了几分色彩，住宿的客人能够享受特别文化项目，参观科研设施。

前往南峰（Pic du Midi）需在拉蒙吉镇（La Mongie）搭乘缆车上山，车程15分钟。一边欣赏比利牛斯山脉揭开它那美丽的面纱，一边攀至海拔9439

左起：比戈尔南峰天文台（Pic du Midi de Bigorre Observatory；2877米）；通往南峰的缆车

© Photononstop / Alamy Stock Photo

南峰已被国际黑暗天空协会认定为黑暗天空保护区。和其他黑暗天空地点一样，这里光污染极少，不太需要借助望远镜的帮助就可以观星，是个好地方。夏天是夜游南峰的理想季节，届时可以在比利牛斯山顶欣赏到银河全貌。

重要信息

地点: Rue Pierre Lamy de la Chapelle, La Mongie。

时间: 大多数月份，每天9:00~16:00（天文场馆设施通常在4月大部分时间和5月关闭），晚间时间不定。

费用: 白天，成人/儿童€40/24.50；夜晚，成人/儿童 €129/99；住宿€339起。

网址: http://picdumidi.com

英尺（2877米）的南峰。除了在观景台周边漫步，你还可以绕着南峰走走，欣赏四方美景，或向外走上"栈桥"（the Pontoon），那是山顶的一座悬空步道。对于为了天文而来的参观者，这里有一座天文馆和一座介绍南峰天文台历史的博物馆，前者定期有展览。一处全新的实验区域展示这里最新的天文研究成果，内容涉及太阳、宇宙射线和地球大气层。南峰全年定期开展夜间项目（通常每周一次）。游客可以在南峰之巅欣赏一场落日，享受一顿晚餐，并且在乘缆车下山之前看一会儿星星。

每年夏天，南峰都会举办一系列特别的夜间活动，称之为"南峰之巅奇幻夜"（A Magical Night at the Summit of the Pic du Midi）。这场通宵之旅的行程包括：登上南峰的缆车、日落鸡尾酒、晚餐、观星导览游、通过日常不向公众开放的望远镜观星、观看日出以及参观天文设施的VIP游。南峰天文台每年举办一次英文活动，切记提前上网查看日期和详情——对于观星爱好者和"案头天文学家"们来说，这可是一项特别福利。

阿切特里
天体物理学天文台

意大利

意大利天文学家、物理学家和工程师伽利略·伽利雷在阿切特里度过了生命的最后数年。这是佛罗伦萨南部的一片山区，伽利略因为支持哥白尼的"日心说"而被软禁在这里。如今，就在他去世的宅邸附近，旅行者可以到阿切特里天体物理学天文台（Arcetri Astrophysical Observatory）了解天文台的工作，向这位现代天文学之父致敬。从佛罗伦萨中心到阿切特里车程不足30分钟，是轻松的一日游选择。

阿切特里天体物理学天文台是一处运转中的机构，兼具科研和天文观测功能，并参与全球许多天文台的设计与建造。由阿切特里团队协助建造的著名天文台包括智利的甚大望远镜（Very Large Telescope）和阿塔卡马大型毫米/亚毫米波射电望远镜阵，以及盖亚空间天文台（Gaia Space

托斯卡纳的佛罗伦萨大教堂，邻近阿切特里

Observatory），后者于2013年发射升空，主要负责绘制银河图景。

阿切特里天体物理学天文台在大多数工作日的白天和夜晚都对游客开放。白天，参观者可参与太阳观测，观看太阳的光球层和色球层，通过天文台的设备和望远镜观察宇宙射线。夜晚，望远镜则为观察我们头顶有趣的天空而设。来自国家天体物理研究院（National Institute for Astrophysics；简称INAF）的天文学家及工作团队还提供天文学指导，如果遇到阴天，他们会播放影片或安排天文学讲座。

团队游之外，天文台也为想要了解更复杂天文课题的铁杆天文爱好者提供系列讲座。这些活动通常在每周四举办，最好提前查询，确认讲座是意大利文还是英文的。能够在该学科领军人物曾经站立的地方学习天文学，这是难得的机会。

© Javen / Shutterstock

在佛罗伦萨城内及周边还有其他地方可以向伽利略致敬,包括阿切特里山间的伽利略宅邸(**Villa Galileo**),伽利略曾在那里度过了他生命的最后10年。伽利略博物馆(**Museo Galileo**),一个展示伽利略科学贡献之荣光的博物馆。自19世纪初期以来,博物馆里就存放着著名的阿米契一号天文望远镜(**Amici I**),这架望远镜原本安放在阿切特里天体物理学天文台的阿米契圆顶(**Amici Dome**)里。

重要信息

地点: 5 Largo Enrico Fermi, Florence。

时间:周一至周五,9:00~18:00,周六晚间预约。日间团队游10:00,夜间团队游18:30或21:00,视季节而定。

费用:建议捐赠。

网址: *www.arcetri.inaf.it*

阿雷西博天文台

波多黎各

波多黎各的阿雷西博天文台 (Arecibo Observatory) 是全球最具辨识度的天文望远镜所在地,也是最大的天文台之一。它在20世纪90年代流行文化中频频曝光,包括出现在系列电影《黄金眼》、《超时空接触》以及电视剧《X档案》等作品中。自20世纪60年代投入使用以来,阿雷西博就专注于射电天文和雷达天文领域的科学研究,包括大气科学和搜寻地外文明计划 (Search for Extraterrestrial Intelligence, 简称SETI)。阿雷西博天文台里射电望远镜的那个大盘子就是我们接触其他世界的一大重要工具。

阿雷西博由美国国家科学基金会 (National Science Foundation) 与中佛罗里达大学 (University of Central Florida) 协作运营。这就是说,专业的天文学者和学生都能够申请使用阿雷西博射电望远镜。阿雷西博的部分主要工作包括:精确测量水星的59日运行轨道,这项工作证实了爱因斯坦广义相对论的一部分 (并因此为天文学家们赢得了诺贝尔物理奖);生成金星表面的雷达地图。此外,它还发现了第一颗系外行星,在天文学的诸多重大发现中留下了影响深远的遗产。

天文台位于波多黎各西北部的阿雷西博城外,距离圣胡安 (San Juan) 约90分钟车程,是个相对容易前往的地点。科学与游客中心、展厅以及会堂均为来访者提供有关阿雷西博今昔情况的介绍。你还可以登上一处瞭望台,远观壮观的阿雷西博望远镜大圆盘。在VIP团队游项目中,一名导游将带你走到圆盘边缘,亲身感受其直径1000英尺 (305米) 的硕大体量。加勒比天文学会 (Caribbean Astronomical Society) 每年在阿雷西博科学与游客中心 (Arecibo Science & Visitor Center) 举办一到两次夜间天文活动,通常使用西班牙语。

上起顺时方向针:阿雷西博天文台的射电望远镜;云盖国家森林 (El Yunque National Forest) 的小瀑布;阿雷西博附近的洛斯阿科斯海滩 (Los Arcos Beach)

参观过阿雷西博天文台后,一定要去体验一下波多黎各的其他自然奇观。云盖国家森林 (El Yunque National Forest) 由美国森林管理局负责管理,林内有徒步道和登山道可穿越这片总面积44平方英里 (114平方公里) 的雨林。如果不想徒步穿越雨林,只是想感受一下,可以前往雨林中心门户 (El Portal Rain Forest Center)。在那里,你可以悠然行走在凌空高悬的步道上,欣赏雨林树冠如盖的景象。

重要信息

地点: PR-Route 625, Arecibo。

时间: 周三至周日 10:00～15:00。

费用: 成人/老年人/儿童 (5～12岁) $12/8/8。

网址: http://naic.edu/ao/landing

南非天文台

南非

在自开普敦（Cape Town）往内陆行进约230英里（370公里）的卡鲁地区（Karoo），你能找到南非最重要的天文观测机构——南非天文台（South African Astronomical Observatory，简称SAAO）。半干旱的卡鲁地区以澄澈明朗的天空著称，是最适合开展天文观测的地区之一。南非天文台建成于20世纪70年代初，迄今为止，它已经拥有了15台天文望远镜，用于展开光学与红外天文学研究。得天独厚的自然环境使其可以观测到其他天文台难以涉猎的天空区域。如今，南非天文台里运转着好几部姊妹镜，与它们分布全球各处的匹配对象遥相呼应。

左起：南非天文台的南非大望远镜（SALT）；好望角海岬

南非天文台总部设在开普敦，就在原皇家天文台（Royal Observatory）的好望角旧址上，后者运行至1971年关闭。南非天文台每月定期举办一到两次天文讲座、演讲及会议等，对于无法去往萨瑟兰（Sutherland）参观天文望远镜的旅行者来说，是非常好的机会。

重要信息

地点： Hwy R356, Karoo, Namakwa。

时间： 日间自助游，周六9:00~15:00；日间导览游，周一至周六10:30和14:30；夜间团队游，周一、周三、周五和周六。

费用： 成人R60~100，儿童R30~50。

网址： *www.saao.ac.za*; *www.salt.ac.za*

南非大望远镜（South African Large Telescope；简称SALT）是南非天文台最重要的望远镜之一，它配备了一个尺寸大约为36.5英尺×32英尺（11.1米×9.8米）的六边形镜片，是南半球最大的光学望远镜。其主要技术参数与美国得克萨斯州麦克唐纳天文台的霍比-埃伯利望远镜（Hobby-Eberly Telescope）很类似，但观测的天空范围不同，它能观测到南十字星座及其附近的半人马座阿尔法星。

很可惜，南非天文台的科研望远镜不在夜间对公众开放。但参加白天和夜间的团队游依然有希望看到它。白天，无论自助游还是参加导览游，你都可以进入游客中心参观，其中一项导览行程可参观包括南非大望远镜在内的部分科研望远镜。夜间游览项目则主要聚焦观星和天文学，你可以使用两台面向参观者的望远镜观察天空。

即使无法亲眼看到南非大望远镜，你也有机会随时了解它的情况。在南非大望远镜的官方网站上，你可以看到实时影像，以及将每日录制的视频缩至20~30秒的短片。视频从各个视角展示了南非大望远镜圆顶内部的景象，也包括天空和建筑外部的景象。但无论如何，这终究还是比不上身临其境的感受。

泰德天文台

西班牙

旅行者们涌到特内里费岛 (Tenerife) 和加纳利群岛享受日光，却少有人知道这里还是全球最佳观察和研究天空的地点之一，拥有与夏威夷和智利非常相似的地理位置和天文气象条件。由于显著的地理优势，泰德天文台 (Teide Observatory) 早在20世纪60年代初期便建造完成，坐落于特内里费岛上的泰德火山山顶。天文台由加纳利天体物理学研究所 (Instituto de Astrofísica de Canarias; 简称IAC) 主持运行，配备了夜间望远镜、射电望远镜和全球最大的太阳望远镜。

参观泰德天文台，需要在当地主要旅行社Volcano Teide Experience预约导览游行程，不跟随导游无法进入天文台。游览项目包括两种：90分钟的行程包括穿越天文台的步行导览游和一场太阳观测讲座；8.5小时的行程包括太阳观测、观星和通过一台望远镜进行夜间观测学习等诸多亮点。导览分西班牙语和英语两种，记得预订时确认好所选日期时间的语言类别。

如果你是名业余的天文学爱好者，而且希望通过亲眼观察来验证某项天文理论，泰德天文台是少数几个你能够接触到专业天文望远镜的地方之一。使用20英寸 (50厘米) 蒙斯反射式望远镜 (Mons Reflecting Telescope) 的申请必须至少提前30天提交，同时需要提供个人观测目的的基本说明，并证明你有能力正确使用望远镜。火山上方的黑暗天空也是自助观星者的理想选择，在这里，可以看到88个星座中的83个。

上起顺时针方向：泰德天文台
夜景；银河下的泰德天文台；
加纳利群岛之特内里费岛

加纳利群岛上还有一处适合天文旅行者的目的地，那就是拉帕尔马岛 (La Palma)。岛上坐落着穆查丘斯罗克天文台 (Roque de los Muchachos Observatory)，这是艾萨克·牛顿望远镜的所在地。1984年，这台望远镜从格林尼治皇家天文台移居到了这里。穆查丘斯罗克天文台拥有十余台天文望远镜，也是三十米望远镜 (TMT) 的另一处备选安放地。

重要信息

地点： San Cristóbal de La Laguna, Santa Cruz de Tenerife, Canary Islands。

时间： 泰德天文台不向公众开放，团队游览时间不定。

费用： 短时游览 €21起；长时游览 €56起。

网址： www.iac.es

欧洲核子研究中心

瑞士

左起: 欧洲核子研究中心醒目的科学与创新之球(Globe of Science and Innovation); 欧洲核子研究中心是大型强子对撞机的所在地

大多数常规天文台都专注于扫描太空中的巨大天体, 位于地下的欧洲核子研究中心 (Conseil Européen pour la Recherche Nucléaire; European Council for Nuclear Research; 简称CERN) 则将注意力放在了天平的另一端。这所机构创建于1954年, 是量子物理学研究领域首屈一指的实验室。其研究成果对天文学家们来说意义非凡, 因为这里的研究者们关注的是宇宙的基本性质。CERN最出名的是它的大型强子对撞机 (Large Hadron Collider; 简称LHC), 这是世界上最大的粒子加速器, 16.7英里 (27公里) 长的圆形隧道能够令粒子以近乎光速相互撞击。在加速器开始运行之前，它所能产生的巨大能量让有些人担忧——可能生成一个黑洞！CERN里的大型强子对撞机和其他加速器、探测器都用于研究极端条件下的粒子运行方式。研究者们相信，这些极端条件正是我们宇宙起源之初"宇宙大爆炸"的状态。每当CERN的研究者发现一种新粒子，或尝试证实有关粒子交互作用的某些理论设想时，他们也同时为我们带来了对于宇宙及其构成、我们在宇宙中的位置等课题更深刻的理解。

欧洲核子研究中心有一部分向公众开放，帮助大众了解这个庞大的科研机构所做的工作。中心设有常展，帮助参观者了解粒子物理学以及研究者之所以要研究粒子的原因，此外还会介绍大型强子对撞机和人类对于宇宙大爆炸以来万事万物的理解。对于计算机科学的爱好者来说，CERN同样促进了计算机领域的一些重大飞跃，比如对创造万维网做出的贡献。CERN提供英法双语的免费导览游，整周都有，还有面向学生团体开设的导览游。参观者可以前往科技中心参观重达7000吨的土星探测车，中心位于地面以下328英尺（100米），在那里，此前仅为理论推测的希格斯玻色子已经得到了初步证实。这个发现获得了一项诺贝尔奖，并确认了粒子物理学标准模型（Standard Model）的正确性，该模型概括了作用于宇宙的4种基本力：强核力、弱核力、电磁力和引力。从恒星到星系，它们都是构建一切的砖石。

大型强子对撞机内部比外太空更冷。这个巨大的圆筒内部温度始终保持在极寒的1.9K（−456.3°F/−271.3℃）。相比之下，太空倒相对温和一点，温度为2.7°K（−454.8°F/−270.5℃）。这样的温度能确保巨大的超导电磁铁在加速质子束的过程中保持低温。

重要信息

地点：Esplanade des Particules 1, Geneva。

时间：周一至周六8:00~17:00，团队游周一至周六11:00~15:00。

费用：免费，但需提前订票。

网址：*https://home.cern*；*http://visit.cern*

© Deyan Baric / Alamy Stock Photo

格林尼治皇家天文台

英国

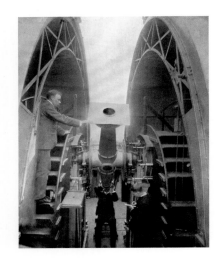

皇家天文台（Royal Observatory）宛如时间的灯塔般屹立于格林尼治公园最高处，是本初子午线（经度0°0'0''）所在地。凭门票可进入英国天文学家、建筑师克里斯托弗·雷恩设计的弗拉姆斯蒂德屋（Flamsteed House；以首位皇家天文学家约翰·弗拉姆斯蒂德命名）和子午线庭院（Meridian Courtyard），在这里，你可以同时脚踏东西半球。此外，还能看到安放在圆顶天文台里的大赤道仪天文望远镜（1893年），走进韦勒天文画廊（Weller Astronomy Galleries）探索时空。尽管原格林尼治皇家天文台的主要天文研究工作都已转至光污染更少的地区，但这里依旧是科学史上举足轻重的地方。皇家天文台于1675年开始建造，最初是出于开拓航海的目的，其早期工作致力于找到一种精确的航海计时及经度探测方式。为此，它在1766年发布了航海天文历（Nautical Almanac），确定以皇家天文台所在地为基准线。也正因为这样，穿越天文台的本初子午线和格林尼治标准时间至今依然以这所机构所在时区为基准。今天的格林尼治皇家天文台是一处博物馆兼公共教育场所，也是彼得·哈里森天文馆（Peter Harrison Planetarium）的所在地。

白天，参观者可在天文馆观看有关夜空、邻近行星和暗物质等主题的展示，或前往圆顶参观大赤道仪天文望远镜（Great Equatorial Telescope）。皇家天文台同时提供有关古代天文学的展览，并全年举办面向公众的天文之夜活动，内容包括面向年轻人的天文学习营、演讲，以及面向儿童和成年人

左起：皇家天文学家弗兰克·戴森（Frank Dyson）先生正在读取经纬仪；大赤道仪天文望远镜的日落

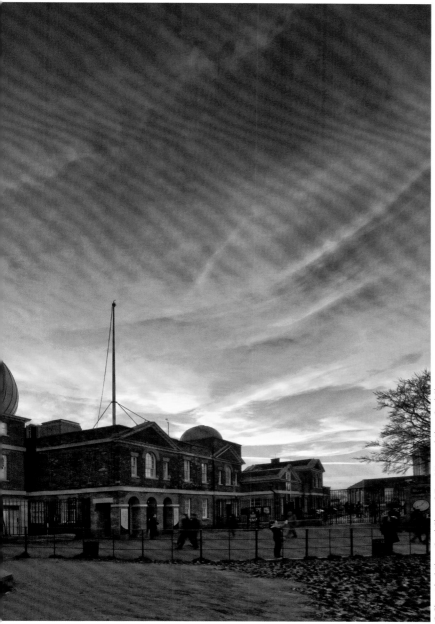

当天文台**1675**年落成时，英国国王查理二世任命约翰·弗拉姆斯蒂德（**John Flamsteed**）为首任皇家天文学家（英国王室授予的头衔）。弗拉姆斯蒂德任职期间致力于两项工作：编撰一部包括**3000**个恒星的目录；绘制星图。他也被认为是第一个记录到天王星的人（虽然他将这颗行星认作了恒星）。他的继任者爱德蒙·哈雷（**Edmond Halley**）因为一颗彗星而闻名，这颗彗星因他得名。

重要信息

地点: Blackheath Ave, London。

时间: 每天 10:00~17:00。

费用: 大赤道仪天文望远镜免费；博物馆成人/儿童 £19/9；特别活动、演讲和天文馆另计。

网址: *www.rmg.co.uk/ royal-observatory*

的课程。一年一度的天文摄影年展则展出天文摄影作品。

随着安妮·蒙德摄星仪（Annie Maunder Astrographic Telescope；简称AMAT）的入驻，格林尼治皇家天文台自2018年起再次成为一处观测场所。AMAT仅对公众提供有限开放，记得提前订票，门票通常很抢手。

冒纳凯阿火山

美国

冒纳凯阿火山（Mauna Kea）是夏威夷岛（也称大岛）上的一座休眠火山，被认为是全球最佳的观星和天文观测地之一，拥有高海拔与最适宜地面观测的气象条件。冒纳凯阿火山海拔将近13,796英尺（4205米），真正超越了诸如湿度、天气和光污染等通常阻碍观测深空星体的干扰因素，如今环绕顶峰分布着13处天文台，由11个国家出资建立。

1968年，冒纳凯阿首次出租土地给夏威夷大学用于建造一座天文台，然而，近来有关是否在山顶建造三十米望远镜（Thirty Meter Telescope; 简称TMT）的争论再次甚嚣尘上，争论点在于如何保护冒纳凯阿山作为夏威夷人圣地地位。"冒纳凯阿"在夏威夷语里表示"白山"，是夏威夷土著文化中脐带（Piko）一般的存在。环绕顶峰的天文保护区内有数位女神的居所、上百处圣地和倍受崇敬的怀奥湖（Lake Waiau）。

由于其独特的地理位置，前往冒纳凯阿火山及山上的各处天文台并不容易。抵达夏威夷大岛后，你需要先前往冒纳凯阿游客信息服务站（Mauna Kea Visitor Information Station; 简称VIS）查询道路情况并了解观测机会，顺便可以逛一逛它出色的书店First Light Bookstore。VIS位于通往冒纳凯阿的道路边，每周有好几晚举办面向公众的天文活动。这里刚刚于2019年完成翻新，改善了游客参观设施，加强了对顶峰资源的保护。

从VIS继续前往分布于诸峰的天文台，就只能开四驱汽车上山了。此外，冒纳凯阿的开放时间仅限从日出前30分钟至日落后30分钟，夜间望远镜不对公众开放，消减了山顶观星体验。包括斯巴鲁望远镜（Subaru Telescope）和凯克天文台（Keck Observatory）在内的一些天文台开放日间游览和观测，另有一些接受预订的夜间游览，但参观对象仅限天文学专业人员和天文台

关于星辰的天文知识与神话深深植根于夏威夷文化之中。古波利尼西亚人观星航海、穿越太平洋,最终定居在夏威夷群岛。人们相信,是半人半神的英雄毛伊(**Maui**)骗过太阳,用他有魔力的鱼钩将这些岛屿从海底钓了上来。虽然随着欧洲探险者陆续来到夏威夷,大部分波利尼西亚的天文知识已经遗失,但依然有一些夏威夷原住民在学习和实践这些古老的知识,并在航海时用以指引航向。

重要信息

地点: Mauna Kea Access Rd, Hilo, HI。

时间: 周一至周六 9:00~22:00。

费用: 免费。

网址: *http://ifa.hawaii.edu/info/vis*

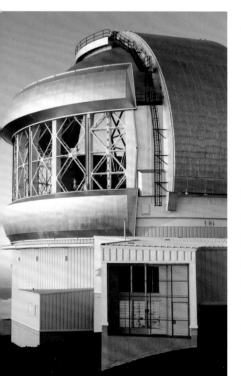

上起: 落日里的斯巴鲁望远镜;
云海之上的凯克天文台

团体。参观冒纳凯阿的另一种方式是参加旅行团。运营机构都有授权,可经营山顶游览项目(通常时长8个小时)。行程通常在观星搭配日出或日落中选择一项。如果前往参观,请务必举止有礼,尊重冒纳凯阿在夏威夷人传统信仰中的重要地位。

麦克唐纳天文台

美国

辽阔的得克萨斯西部，天际杳然，星垂四野。就在戴维斯山脉（Davis Mountains）的怀抱之中，位于奥斯汀（Austin）的得克萨斯大学（University of Texas）运营着麦克唐纳天文台（McDonald Observatory）以及诸多天文望远镜和设施，它们仰望天空，日夜都在欢迎参观者的到来。

与大部分厘米级的望远镜不同，麦克唐纳天文台拥有3座直径超过6.6英尺（2米）的永久性天文望远镜，它们分别是：33英尺（10米）的霍比-埃伯利望远镜、8.9英尺（2.7米）的哈伦·J.史密斯望远镜（Harlan J Smith Telescope）和6.9英尺（2.1米）的斯特鲁维望远镜（Otto Struve Telescope）。三者齐聚一堂，令其成为本地区实力最雄厚的天文台之一。

白天，参观者可以游览弗兰克·N.

上起顺时针方向：观星爱好者活动参与者排成了一条线；星空下的麦克唐纳天文台；戴维斯山，洛克峰（Mt Locke）

巴什游客中心（Frank N. Bash Visitors Center），这里每天开放，有关于麦克唐纳天文台过往工作历史的展览，也是日间望远镜游和夜间观星爱好者活动的登记报名处。

麦克唐纳天文台的观星爱好者活动非常受欢迎，门票数量有限，建议预订。活动全年都有，每周最多3次，你还可以预订一场2小时的观星活动来搭配90分钟的暮光派对，活动就在望远镜所在地举行。这些活动由天文台工作人员主持，内容根据一年中的时间和月相而相应调整。如果专程来参加天文台的活动，不妨根据最期待的天文现象制订行程计划。通常说来，观星爱好者活动会聚焦于当日最显著的天文景观，行星、星系团、流星雨等都在其范围内。

如果你是搭乘飞机进入这一地区，埃尔帕索（El Paso）是最近的主要机场，每天有航班往返于各大航线。从埃尔帕索到距离天文台最近的城镇戴维斯堡（Fort Davis）车程3个小时。

继续向南去往墨西哥边境，你能找到比麦克唐纳天文台更加黑暗的天空。大本德国家公园（Big Bend National Park）和附近的大本德农场州立公园（Big Bend Ranch State Park）已双双获国际黑暗天空学会的黑暗天空公园认证。

重要信息

地点： 3640 Dark Sky Dr, Fort Davis, TX。

时间： 全年每日10:00~17:30开放；观星爱好者活动通常于每周二、周五和周六举办，开始时间依日落时间而定。

费用： 日间游览 成人/儿童（6~12岁）$8/7；夜间活动 成人/儿童（6~12岁）$12/8起。

网址： *https://mcdonal dobservatory.org*

美国国家航空航天局喷气推进实验室

美国

帕萨迪纳（Pasadena）以每年一度的玫瑰花车游行而为美国人所熟知，然而，这里还藏着一个可以跻身全球最炫酷之列的太空实验室。位于加州的美国国家航空航天局喷气推进实验室（NASA Jet Propulsion Laboratory，简称JPL）或许不是火箭发射地，也不是NASA其他那些著名的宇航员训练场所，但21世纪以来，许多最重要的机器人研究和探测任务都是由这里的团队主持的。这些任务的研究成果包括：美国发射到太空的第一颗卫星"探险者一号"，"好奇号"火星车和"洞察号"着陆器等火星探测器，探测土星的"卡西尼号"和探测木星的"朱诺号"等，不胜枚举。

这处基地有6000名员工，负责火星探测车项目的科学家和工程师们就是在这里指挥那颗遥远红色星球上的火星车。每一个火星日到来之时，JPL的探测车指挥者都会向它们发出指示，决定探测车的移动方向和开展科学测量的时机，同时努力保护设备不遭到重大损害。地球和火星之间的信号存在20分钟的延迟，这也就意味着，这些操作的难度远远不只是简单地指挥一辆遥控车！就算是在"机遇号"火星探测车于2018年6月遭遇严重沙尘暴失联之后，JPL的指挥人员依然每天发送一次唤醒歌曲，试图通过"积极倾听"（active listening）功能来与它取得联系。自从2004年1月登陆火星，"机遇号"已经探索了26.6英里（42公里）的距离。在这段探索之旅中，它证实了火星上曾经存在积水，并为实施更长距离探索的可能性提供了强有力的支持。这台火星车原计划服役90天，最终却工作了超过14年。所有那些发生在遥远红色行星上的活动，都是在帕萨迪纳这些研究室的指令下完成的，这是位于地球上的太空航行指挥中心，指挥我们在太阳系的邻居家进行远程作业。

上起：火星科学实验室（The Mars Science Laboratory）的"好奇号"火星车正在进行机动性测试；美国国家航空航天局喷气推进实验室工作场景

© Stocktrek Images, Inc. / Alamy Stock Photo; © Sundry Photography / Shutterstock

在**JPL**，人们可能终其一生都在研究一个项目。在人类通过无人探测车和飞掠探测器探索太阳系的历程中，这些任务都是最具标志性意义的，包括：探测土星的"卡西尼"任务，探测气态巨行星的"旅行者"一号和二号任务，"新视野号"前往冥王星及更远处的旅程堪比火星"好奇号"和"洞察号"任务。JPL有这些任务的相关照片展示。参观途中，你很可能会与创造这些奇迹的科学家擦身而过！

重要信息

地点： 4800 Oak Grove Dr, Pasadena, CA。

时间： 在指定的周一和周三13:00开放公众参观。

费用： 免费，需在线预约。

网址： www.jpl.nasa.gov

和大多数NASA的机构一样，由于某些正在进行中的敏感项目和研究任务，JPL对公众开放的范围有限。免费的大众游览项目在周一和周三交替开放，需预订。行程包括一场名为"走向行星与更远方"的展示，主要介绍JPL的任务和成果，外加游览冯·卡曼游客中心（von Karman Visitor Center）、太空飞行控制区域（Space Flight Operations Facility）和航天器组装工厂（Spacecraft Assembly Facility）。对于太空爱好者来说，如果恰好身在南加州，JPL是绝对不容错过的，如果再加上范登堡空军基地（Vandenberg Air Base）就更完美了。

火箭城

美国

亨茨维尔市（Huntsville）位于阿拉巴马州西北部，这座城市还有个名字，叫"火箭城"（Rocket City）。原因不难理解，亨茨维尔在美国航天发展历程中有着声名显赫的悠久历史——这里就是沃纳·冯·布劳恩（Wernher von Braun）率领NASA研究和实验太空科技的地方，这些科技最终将"阿波罗号"送上太空，登上了月球。这座城市如今是NASA下属马歇尔太空飞行中心（Marshall Space Flight Center）和美国太空与火箭中心（US Space & Rocket

导游和参观者在戴维森太空探索中心，其隶属于NASA美国太空与火箭中心

© Dave G. Houser / Alamy Stock Photo

Center)的所在地,也是美国太空训练营(Space Camp)的基地。开车进城时,你会经过一个巨大的土星五号运载火箭复制品,仿佛守卫着这座城市。参观太空与火箭中心就像从头经历了一次美国的太空规划发展,从最初的奠基扎根,到今天乃至未来太空站科学项目,都在这里一一呈现。

亨茨维尔是著名的美国太空训练营所在地,这是美国太空与火箭中心设立的一处公共服务和教育、体验场所。参观者可以报名体验为期一周的宇航

员模拟生活,了解想要成为一名宇航员需要做些什么,又要付出怎样的努力。太空训练营接受任何年龄段的宇航员仰慕者,从9岁的儿童到成年人,从家庭到团队均可。这个训练营有反重力模拟器、火箭建造工场,还有学员真的成了宇航员和工程师,它可不是一个"纸上谈兵"的地方!加入太空训练营,你将有机会参与各种模拟任务,包括火箭发射、着陆以及太空漫步,同时了解NASA过去与未来的各项任务。此外,美国太空与火箭中心里还展示着全尺寸的土星五号运载火箭。志愿讲解员通常都是NASA或航空工业的前雇员,他们被称为"NASA名誉退休者",以此表彰他们做出的贡献。讲解员们可以带领你游览硕大的博物馆,馆内展出太空探索和NASA当前工作的各阶段详情。

NASA下属的马歇尔太空飞行中心就在附近,建议你一并纳入行程,两处之间有公共交通连接。参观行程包括以下地方:历史悠久的测试站,工程师们曾在这里进行热火实验,以确保火箭发射时压力可控;火箭推进研发实验室(Propulsion Research and Development Laboratory),NASA在这里为未来的任务研究新的火箭和动力系统。本地的冯·布劳恩天文学会(Von Braun Astronomical Society)也管理着一个小型实验室和天文馆,馆址靠近萨诺山州立公园(Monte Sano State Park),大部分周末开放给公众参观。

Robin Soprano是太空训练营模拟项目主管,她说:"来到这里的孩子们或许就是未来登上火星的人,我们努力启发他们去思考——离开地球应当如何生活?"孩子们可以在太空训练营里学习驾驶NASA的"猎户座号"飞船,并模拟火星移民任务。

重要信息

地点:U.S. Space & Rocket Center,1 Tranquility Base, Huntsville, AL。

时间:9:00~17:00。

博物馆门票:成人/儿童(5~12岁)$25/17。

太空营费用:儿童6日营(9~14岁)$999,(14~18岁)$1199;成人3日营$549。

网址:www.rocketcenter.com;www.spacecamp.com;www.nasa.gov/centers/marshall

流星雨
Meteor Showers

流星雨是太阳系天文生命的鲜活体现。它是彗星和小行星留下的大量碎片横向划过地球运行轨道时形成的,这些碎片残骸与地球大气层摩擦时会燃烧并发出亮光。每年地球与这些碎片体相交的时间都有规律可循,可谓观测者们的福音。当地球穿过其中一个碎片体时,就会出现流星雨。这种现象提醒我们太阳系中有很多物体保持同步运转,能做到互不干扰。事实上,随着行星、卫星、小行星和彗星在宇宙中不停地起舞,每个天体上都会出现流星雨。

相较于单个物体从宇宙中进入大气层,当地球与彗星碎片运行轨道相交时,彗星碎片体会以更快的频率与大气层产生摩擦。只要把握正确的时间,就可以仅凭肉眼观看到壮观的流星雨。这些小物体闯入地球大气层,经摩擦后发热发光,形成耀眼的轨迹,被称为流星(shooting star)。用流"星"来形容这一现象可能不太恰当,因为其与恒星现象(星,即star,指恒星)没有任何关联,但是谁又能抗拒看到一条发光的弧线划过夜空带来的奇妙感受呢。

通常情况下,流星雨是彗星残骸形成的,小行星碎片形成流星雨的情况比较少,不过二者有什么区别呢?造成多数流星雨现象的彗星是太阳系的小天体,主要成分是冰和尘埃。它们也可能有大气层或尾巴,成分是冰、尘埃和岩石颗粒。太阳系的彗星通常源自海王星轨道外的"柯伊伯带"(Kuiper belt)。小行星的成分则以岩石和矿物为主,它们往往和其他行星一样,绕太阳运转,火星和木星之间有一条很大的小行星带,大多数被观测到的小行星都在这里。一些小行星会在运行过程中穿过我们的太阳系,但它们留下的碎片体不太可能引发一年一度的流星雨。

一些流星雨是定期发生的,包括本章节中提及的大部分。此外还有"周期性"的流星雨,相较之下它们发生时间就没有那么固定了:可能在某些年份非常活跃,其他时间则完全看不到(天龙座流星雨就是如此)。而且流星雨并非在全球任何位置都可以见到,可见区域取决于碎片体轨道所处的位置。流星雨正是因为其不可预测性和短暂的寿命,而显得如此神奇。

想看流星雨,就要做好在午夜至黎明之间进行观赏的准备。大多数流星雨在这期间达到活动极大值,加上天空足够暗,且多数辐射点处于较高的位置,最容易看清。辐射点指的是视觉上发射出流星雨的星座或星群,但在欣赏流星雨时不要直接看辐射点,要留意辐射点周围的区域,有时候,留意整个夜空(例如狮子座流星雨),欣赏到流星雨的机会更大。最好是在流星活动密集爆发时欣赏流星雨,NASA通常会提前进行预报,提供详尽的预估。你可以提前计划,提升看到流星的机会。但要记住,在任何一年里,流星雨爆发的时间都可能出现一两天的误差。避开满月之夜,或者在月亮升起前或等其下落后再观察。哦,别忘了许愿!

简洁释义：

彗星（Comet）：太阳系的小天体，主要成分是冰，也可能包含尘埃和岩石颗粒。

小行星（Asteroid）：主要成分为岩石的小天体，通常来自太阳系内部，有时候也来自太阳系之外。

流星体（Meteoroid）：由岩石或尘埃组成的极小天体，比分子大，但直径小于330英尺（100米）。

流星（Meteor）：与地球大气层接触的流星体。

陨石（Meteorite）：划过地球大气层未燃尽、撞击地球的流星。

2016年英仙流星雨的合成照片

象限仪流星雨

12月28日至次年1月12日

左起: 大熊座, 包含北斗七星; 在墨西哥米亚卡特兰 (Mia-catlán) 等待象限仪流星雨

　　每个公历年开始时, 很多地方都会以烟花表演的方式进行庆祝, 你是否知道还有一场天体烟花表演可以观看? 虽然相较于一年中其他时候出现的流星雨, 象限仪流星雨 (Quadrantids) 知名度不高, 但它在一年之初发生, 在1月3日达到最大流量。

　　在流量大爆发时, 象限仪流星雨的壮观程度不亚于8月的英仙流星雨和12月的双子流星雨等其他流星雨。但大多数人看不到这一盛况, 这在一定程度上是因为象限仪流星雨爆发时长比其他流星雨的活跃期要短得多, 通常只持续8小时, 而且在某些时区, 它有时

尽管人们直到**1825年**才观察到象限仪流星雨，且目前此星座已经被废除，然而该星座在**1795年**就已经由法国天文学家杰罗姆·拉郎德（**Jérôme Lalande**）命名，他用一种天文工具为这一星座命名：象限仪。早期天文学家用这种工具来观察、标定星星的位置，这赋予了象限仪流星雨更悠久的天文传承，尽管人们至今没能完全弄清楚该流星雨的源头。

重要信息

日期：12月28日至次年1月12日

通常最活跃时期：1月3日至1月4日

最容易见到的区域：北半球，以及南纬50度以内地区部分可见

候发生在中午。在象限仪流星雨爆发高峰期，每个小时有望看到50~100颗流星，而在其它夜晚，一般来说每小时能看到的流星数量为10~15颗。

尽管人类观察象限仪流星雨已经有数个世纪之久了，但我们尚未能完全确定其源头。现在提出的假说是，象限仪流星雨为相对年轻的流星雨，自500年前开始出现，可能与一颗最早为中国、日本和朝鲜天文学家观察到的彗星（现被称为C/1490 Y1）或小行星2003 EH1有关。而用来为这一流星雨命名的星座如今已经被废弃，更使得其增添了神秘色彩。象限仪这一名字源自象限仪座（Quadrans Muralis），于18世纪后期创立，指的是天文测绘所使用的象限仪，不过20世纪初期，该星座被并入牧夫座（Boötes）。

想欣赏象限仪流星雨，得先寻找北斗七星。顺着后者的"勺柄"往外看，你会找到最后一颗星与天龙座之间的那个点，大多数流星就从那里发射出来。另一个方法是寻找橙色巨星大角星（Arcturus），它是夜空中第四亮的恒星，象限仪流星雨就是从它附近发射出来的。

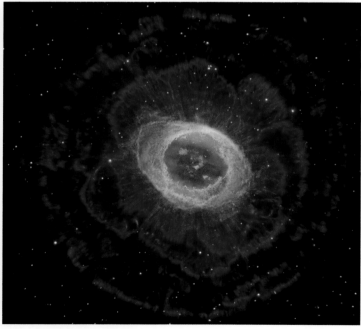

天琴流星雨
4月16日至4月26日

每年4月中旬至下旬爆发的天琴流星雨（Lyrids）有着最悠久的观测记录，可以追溯到公元前687年，是中国天文学家最早发现的。天琴流星雨可能不如其他流星雨那么活跃，在其4月22日至4月23日爆发期平均每小时出现的流星数量为15～20颗，但它能以其他方式"弥补"这一遗憾。"天琴座火流星"指的是某些异常明亮的流星，能产生火影，在空中留下烟痕，持续数分钟后才会消失。当天琴座尘云受到其他行星影响时，天琴流星群的活跃强度会增加，不过这种不可预测的情况往往每隔20年才发生一次，在此年份中，流星的数量就会增加，是正常水平的5～35倍。据记录，1802年，每小时出现的流星数量达到700颗！

天琴座流星雨源于一颗名叫C/1861 G1撒切尔彗星（C/1861 G1 Thatcher）的长周期彗星的运行轨迹，后者预计于2276年回归。长周期彗星的运行轨迹可能介于200年至无限之间（无限指的是我们从未记录到该彗星的回归，或者运行轨迹表明其永远不会回来）。撒切尔彗星绕行太阳的周期为415年，这一相对较快的运行轨迹创造了此类彗星所能产生的最壮观的流星雨之一。

要观察天琴流星雨，就要留意天琴座（constellation Lyra，也叫the Lyre或the Harp）附近可见的流星发射点。织女星（Vega），又被称作天琴座阿尔法星（Alpha Lyrae），是夜空中第五亮的恒星，也是天琴座最亮的恒星。通过找到它来寻找天琴座，然后观察这一区域，留意附近是否有天琴座火球出现。过于接近辐射点，流星看上去就会按透视法缩小。等待期间，织女星附近还会出现指环星云（Ring Nebula），同样受到业余观测者的热捧。

上起顺时针方向：内华达山脉的天琴流星雨；划过夜空的天琴流星雨；发出红光的指环星云

虽然望远镜对于观察流星帮助不大，但在欣赏天琴座流星雨时，你可能需要带上一架。指环星云是夜空中最具知名度的行星状星云，就位于天琴座内。观察指环星云不需要专业望远镜，目镜直径3英寸（7.6厘米）以上的普通望远镜就能帮助你看到其独特的指环形状。

重要信息

日期：4月16日至4月26日

通常最活跃时期：4月22日至4月23日

最容易见到的区域：北半球

宝瓶η流星雨

4月19日至5月28日

　　4月，天琴流星雨尚未结束，另一场流星雨就拉开了帷幕。该流星雨在南半球更加明显。宝瓶η流星雨（Eta Aquarids）于每年4月中旬开始，会持续数周，一直到5月。1870年，人们首次观察到这一流星雨，不过其源头哈雷彗星（Halley's Comet）可能早在公元前467年就被发现了。宝瓶η流星雨最活跃的时段，每小时可以看到10～20颗流星。

　　宝瓶η流星雨的特别之处在于它没有集中爆发的时段。你会看到持续一周的适度增长期，在5月5日至5月6日达到"巅峰"。这让观察者几乎每年都有机会看到宝瓶η流星雨，如果满月正好出现在这一周，看到流星的机率则会减小。和天琴流星群一样，有时候，太阳系其他行星的运行可能会导致宝瓶η流星群变得更活跃，但从活跃程度以及每年持续的时间看，宝瓶η流星雨是最稳定的流星雨之一。

　　根据宝瓶η流星雨出现的时间以及辐射点，要想获得最佳欣赏机会，你得靠近赤道才行。寻找宝瓶座中心附近出现的流星，对于北半球的观察者而言，宝瓶座位于南部天空，对于南半球的观察者而言，它在天空更高的位置。在北半球，宝瓶η流星雨甚至可能以"掠地流星"的形式出现，贴着地平线移动，与地平线平行。

哈雷彗星的运行轨道已经远离地球，无法在地球轨道上留下碎片体。这意味着现有碎片体在太阳系消散后，宝瓶η流星群将不复存在。不过这种情况不会很快发生，可能需要千年后，地球运行轨道上哈雷彗星留下的尘埃才会消失。

重要信息

日期：4月19日至5月28日

通常最活跃时期：5月5日至5月6日所在的一周时间

最容易见到的区域：赤道至南纬30度以内

上起顺时针方向：约塞米蒂国家公园（Yosemite National Park）半穹顶上空的宝瓶η流星群火流星和双子流星；两张哈雷彗星的照片

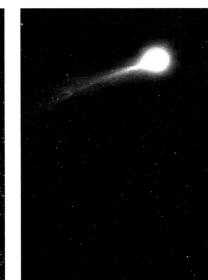

© David Hoffmann / Alamy Stock Photo / Alamy Stock Photo; © RGB Ventures; © B.A.E. Inc. / Alamy Stock Photo

宝瓶δ流星雨

7月12日至8月23日

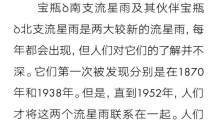

　　宝瓶δ南支流星雨及其伙伴宝瓶δ北支流星雨是两大较新的流星雨，每年都会出现，但人们对它们的了解并不深。它们第一次被发现分别是在1870年和1938年。但是，直到1952年，人们才将这两个流星雨联系在一起。人们

© Alvis Upitis / Getty Images

宝瓶δ北支流星雨出现的时间晚于南支流星群，每年8月可以看到，其达到最活跃的时间和英仙流星雨差不多。如果你在英仙流星雨爆发期间看到南部天空存在辐射点（不是英仙流星雨辐射点所在的北部天空），它可能就属于宝瓶δ北支流星群。

重要信息

日期： 7月12日至8月23日

通常最活跃时期： 7月28日至7月29日

最容易见到的区域： 南半球

银河映衬下的宝瓶δ南支流星雨

认为宝瓶δ南支流星雨更壮观，也更容易观察到。

宝瓶δ南支流星雨平均每小时出现的流星数量为15～20颗，7月28日至7月29日有约18个小时的巅峰期。虽然这个流星量不如其他流星雨，但依然是

相当可观的。注意，若在北半球观看宝瓶δ南支流星雨，你所看到的流星量可能会少很多，因为其中一部分流星在地平线以上无法看到。

宝瓶δ流星雨（Delta Aquariids）的源头尚未确定，最有可能的假设是这两个流星雨源于96P/麦克霍尔茨彗星（96P/Machholz），该彗星于1986年首次被观察到。麦克霍尔茨彗星被认为是"掠日彗星"之一，其轨道周期很短，只有5年，每次经过时距离太阳只有几千公里。这颗彗星可能是一颗较大掠日彗星解体的残骸，而后者留下的尘埃引发了宝瓶δ南、北支流星雨。

想看宝瓶δ南支流星雨，就需要寻找宝瓶座（就是寻找宝瓶η流星雨时定位的那个星座）。宝瓶δ流星雨的辐射点是宝瓶δ星[也被称为羽林军二十六（Skat）]，一颗闪着微弱蓝光、靠近星座中心的矮星。你得找一个能看到暗空的地方，越接近赤道和南半球，欣赏到流星雨的机会就越大。

英仙流星雨

7月17日至8月24日

左起：划过伍斯特郡百老汇塔夜空的英仙流星雨；使用延时摄影拍摄的英仙流星群

英仙流星雨（Perseids）可能是每年发生的流星雨中最稳定、记载最多且最受喜爱的。它是北半球最容易看到的流星雨，在7月中旬至8月中旬会集中爆发。它是很多人首次观看到的流星雨，也是很多年轻天文爱好者记忆中最难忘的片段。

构成英仙流星雨的碎片来自斯威夫特－塔特尔彗星（Swift-Tuttle），该彗星在太阳系绕行一周需要133年。公元36年，中国人首次发现并记录了英仙流星雨，但直到19世纪中期，斯威夫特－

© Lee Thomas / Alamy Stock Photo; © Pluto / Alamy Stock Photo

英仙流星雨是一年中最壮观的流星雨。回顾历史，天文学家就是通过研究英仙流星群获得了流星雨的相关知识。1866年，意大利天文学家乔范尼·夏帕雷利（Giovanni Schiaparelli）意识到周期彗星斯威夫特·塔特尔留下的碎片体构成了英仙流星群，他是第一个将彗星与流星雨联系起来的人。

重要信息

日期：7月17日至8月24日

通常最活跃时期：8月11日至8月13日

最容易见到的区域：整个北半球

塔特尔彗星经过地球时，人们才将两者联系起来。这次发现之后，科学家得以了解并且能准确预测流星雨，包括流星数量达到最大值的具体夜晚，以及你有望看到的流星出现频率。大多数年份里，英仙流星雨最活跃的时期每小时流星量可达60~70颗。遇上"流星雨风暴"或"爆发年"，这一数值有望达到每小时100~200颗。

英仙流星雨最活跃的时间通常为8月11日至8月13日，但该流星雨正式开始的时间在7月17日左右，一直持续到8月24日。英仙流星雨的流星像是从英仙座射出来的，在夏天的北半球很容易看到英仙座。不过在流星雨最活跃阶段，整个天空往往都能看到流星。

由于北半球8月天气通常很宜人，不需要（像冬天观看流星雨那样）准备特殊的设备或装备来观看英仙流星雨。你可以查看当地天文俱乐部组织的相关活动，或者前往黑暗天空地带参加非正式的观星活动。大多数天文团队和天文台能给出与当地活动相关的建议。英仙流星雨很受欢迎，很多人都会专程去看。在排得满满当当的流星雨日历中，它是当之无愧的明星。

天龙流星雨

10月6日至10月10日

在所有流星雨中，如天龙流星雨这样容易受到月相影响的极为罕见。这个流星雨持续时间很短，发生在每年的10月6日至10月10日，最活跃的阶段为10月8日至10月9日。因此如果月亮处于太亮的阶段（上弦月至下弦月期间），再加上月出时间影响，你可能根本看不到天龙流星雨。在月相适合的年份，天龙流星雨是短暂而精彩的。

天龙流星雨（Draconids）源于21P/贾科比尼 - 津纳彗星（comet 21P/Giacobini-Zinner），所以有时候也被称作贾科比尼流星雨。贾科比尼 - 津纳彗星的轨道周期为6年，其碎片体导致天龙流星群呈现出极大的变化。有些年份，其每小时出现的流星量可达到数千颗；另一些时候，则可能根本看不到流星。天文学家每年都尝试预测天龙流星雨的活跃程度，但是目前尚未找到可靠的模式。

在活跃年里，你可能不需要引导就能看到天龙流星雨：流星数量实在太多，不可能错过！

若需要引导，那么得学会寻找天龙座。在北半球，天龙座全年可见。天龙座的尾巴位于北斗七星和小熊座之间。流星雨辐射点来自"龙头"，在流星雨异常活跃的年份里，一些天文学家开玩笑称那是天龙座在喷火。

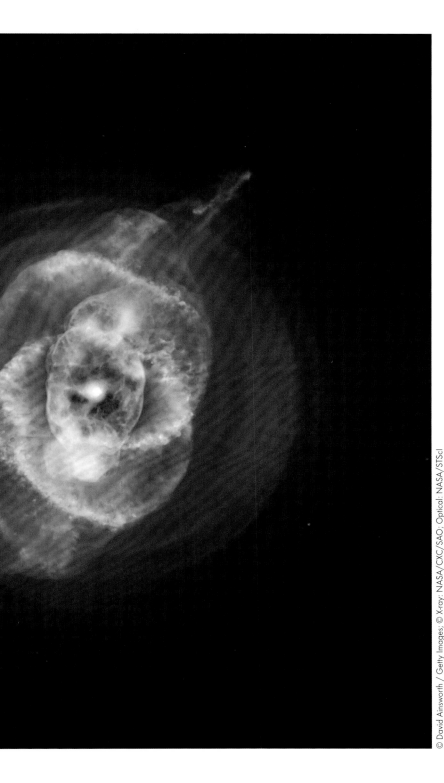

即便是天龙流星群并不活跃的年份里，你也能看到天龙座的猫眼星云（Cat's Eye Nebula）。如果带了望远镜，你会看到猫眼星云是位于龙背部弯曲处的蓝绿色雾团。

重要信息

日期：10月6日至10月10日

通常最活跃时期：10月8日至10月9日

最容易见到的区域：北半球

左起：月球挡住了流星；猫眼星云由11个环构成，极为复杂

猎户流星雨

10月2日至11月7日

在每年出现的流星雨中,猎户流星雨(Orionids)和双子流星雨的受欢迎程度和流量仅次于英仙流星雨。猎户流星雨特别适合观看,因为很容易找到——它以猎户座为中心辐射开来。猎户座就在天赤道上,全世界都能看到。猎户流星雨来自绕行太阳系的周期为76年的哈雷彗星(和宝瓶η流星群一样)。但不同于宝瓶η流星雨的是,猎户流星雨更集中、更活跃,在其爆发期可以带来最理想的观赏体验。

猎户流星雨最早在19世纪被发现,那之后没多久,人们确立了其与哈雷彗星的联系。流星雨在每年的10月2日至11月7日出现,最活跃阶段通常为10月21日至10月22日。对北半球的观看者而言,此时夜空足够黑,适合欣赏猎户流星雨,且不用像观看之后发生的流星雨那样忍受冬日的寒冷。南半球则正值春夏之交,意味着可以在不受夏天光照的影响下欣赏流星雨。流星雨最活跃的时期,每小时能看到

20~30颗流星。而在更为活跃的年份里,这一数值可达50~70颗。

想看猎户流星雨,在北部天空寻找猎户座。通过其"腰带"——参宿二(Alnilam)、参宿一(Alnitak)和参宿三(Mintaka)——以及肩膀的参宿四(Betelgeuse)和脚部的参宿七(Rigel)这些明亮的星,很容易就能找到猎户座。流星雨看起来就像是从猎户座"手臂"四下发散而来的。

一颗彗星怎么能引发两处不同的流星雨？哈雷彗星在太阳系的特殊运行轨迹使得其在进入和离开时形成两部分碎片体，几乎正好被地球运行轨道从中间分开。当地球穿过哈雷彗星的离开轨道时，也就是4月中旬至5月，我们看到的是宝瓶η流星雨；当它穿过哈雷彗星的进入轨道时，我们就能在10月欣赏到猎户流星雨。

重要信息

日期： 10月2日至11月7日

通常最活跃时期： 10月21日至10月22日

最容易见到的区域： 全球

上起：尼泊尔萨迦玛塔国家公园（Sagarmatha National Park）内，喜马拉雅山上方的猎户座；1986年拍摄的哈雷彗星

金牛流星雨

9月10日至11月20日

据说，金牛流星雨（Taurids）是由一颗在20,000~30,000年前解体的庞大彗星留下的碎片带引发的。彗星留下的残骸和小行星分别促成了金牛座不同分支流星雨的形成。恩克彗星（Encke）引发了金牛南支流星雨，而古怪的小行星2004 TG10是1个月后金牛北支流星雨的幕后推手。因此，金牛流星雨由先出现的南金牛流星雨以及几周后再出现的北金牛流星雨组成。南金牛流星雨于每年9月10日至11月20日出现，只有在南半球和赤道区域才能看到，它通常在10月10日至10月11日达到最活跃状态。每年的这个时候，当地球经过彗星留下的碎片带时，平均每小时可以看到5~10颗流

上起：喜马拉雅山上方的金牛座；位于金牛座的昴宿星团（Pleiades），又被称为七姊妹星团

星。当地球转向小行星2004 TG10留下的密集残骸区时，就会出现北金牛流星雨，通常是在每年的10月20日至12月10日，而其流量最多的时候是在11月12日至11月13日，但并不如南金牛流星雨那么明显。其间，你每小时能看到5~10颗流星从金牛座偏下部位射出来。

虽然两支流星雨活跃时间不同，但它们都来自同一个碎片带。想在你所处的半球欣赏金牛流星雨，需要寻找靠近西地平线的金牛座。想象猎户座用其弓和箭指向金牛座，可能会对你定位金牛座有帮助。

当你找到金牛座后，南、北支流星雨的辐射点看上去就在这个星座附近了。仔细留意火流星，2005年和2013年都出现了火流星活跃的情况，火流星的周期可能是7年。甚至有人看到金牛座的一颗流星冲向月亮！

恩克彗星以及小行星 **2004 TG10**的母体已经在太阳系存在很久了，引发了大规模流星雨，其中一些被推断与世界部分地区的新石器时代岩层有关。还有人提出假想，解体产生的陨石太大，导致了地球史上一次大灭绝。

重要信息

金牛南支流星雨日期： 9月10日至11月20日

金牛南支流星雨通常最活跃时期： 10月10日至10月11日

金牛北支流星雨日期： 10月20日至12月10日

金牛北支流星雨通常最活跃时期： 11月12日至11月13日

最容易见到的区域： 全球

狮子流星雨

11月6日至11月30日

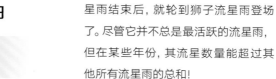

狮子流星雨（Leonids）延续了自10月开始的流星雨活动频繁期，金牛流星雨结束后，就轮到狮子流星雨登场了。尽管它并不总是最活跃的流星雨，但在某些年份，其流星数量能超过其他所有流星雨的总和!

哈勃望远镜捕捉到了这张M66星系的照片，M66是狮子座三重星系（Leo Triplet）中最大的。如果通过望远镜观察狮子流星群，也能看到这一星系

© NASA, ESA and the Hubble Heritage (STScI/AURA)-ESA/HubbleCollaboration

变化。此外,狮子流星群偶尔会出现所谓的"流星雨风暴",每小时的流星数量超过1000颗。这与坦普尔-塔特尔彗星的运行有关,自19世纪中期起,人们就对其进行了持续稳定的测量。虽然狮子流星群并不是每年都会出现流星雨风暴,可一旦出现,就足以载入史册。

近代历史上有两次重要的狮子流星雨风暴。第一次发生在1833年,在流星雨达到极大值的夜晚,据估计每小时能看到的流星数量在25,000~100,000颗。当时的报纸对此次现象进行了报道,还记录了诸如亚伯拉罕·林肯(Abraham Lincoln)、哈莉特·塔布曼(Harriet Tubman)和弗雷德里克·道格拉斯(Frederick Douglass)这些著名历史人物的反应。另一次大规模流星雨风暴出现在1966年,帮助研究人员确定了这样级别的流星活动很可能与坦普尔-塔特尔彗星有关。

无论是北半球还是南半球,都能看到狮子流星雨,看起来就是从狮子座发射出来的。想寻找狮子座需要留意东部天空,寻找轩辕十四(Regulus)这颗明亮的恒星。辐射点在空中较高的位置,靠近狮子的"鬃毛"。在南半球,由于夏日日照时间增加,再结合狮子座在空中所处的位置,你可能得熬夜或者早起观赏流星雨。

即便是在相对安静的年份里,狮子流星雨也值得一看。带上双简望远镜或业余单简望远镜,你能看到位于狮子座的**M65**和**M66**星系。这两个美丽的星系位于狮子"身体"的下部,角度很理想,你能看到它们的螺旋形状。

重要信息

日期:11月6日至11月30日

通常最活跃时期:11月17日至11月18日

最容易见到的区域:全球

狮子流星雨是在地球穿过坦普尔-塔特尔彗星(Tempel-Tuttle)的运行轨道时产生的,这颗彗星在太阳系的运行周期为33年。通常情况下,流星雨出现期间,你每小时能看到15~20颗流星,这一数字每年都会有很大的

双子流星雨

12月4日至12月17日

　　这场姗姗来迟的流星雨也是年度最好看的流星雨之一。事实上，发生于12月4日至12月17日的双子流星雨（Geminids）的流量正在增加，可能在接下来的数年里超越其他所有流星雨。双子流星雨最活跃的阶段通常为12月14日至12月15日，正常情况下，其间每小时的流星量可达到100~200颗！

左起：双子流星群流星雨；双子流星群飞越中国上空

双子流星雨的流星量在不断增加，这是因为受其源头岩质彗星运行轨道的影响（2200年后将再次减弱；岩质彗星同时具有彗星和小行星的特征）。随着强度增加，双子流星雨将成为数量最大的流星雨，受到业余爱好者和天文学家们的追捧。

双子流星雨是仅有的两个由小行星而非彗星引发的流星雨之一，源自小行星3200法厄同（3200 Phaethon）的碎片体，通常被称为岩质彗星（大多数彗星是由冰组成的）。其运行周期为1.4年，是太阳系中最靠近太阳的小行星。由于3200法厄同位于太阳附近，科学家通过研究其运转规律来加深对双子流星雨及其他流星雨的认知。

想看双子流星雨就去寻找双子座。在夜空中，该星座位于猎户座"肩膀"上方。流星看上去就是从双子的"头部"射出来的，但如果你不盯着辐射点，看到它们的机会更大。双子流星群的速度不及其他流星雨，所以很容易观察到，最合适的观赏时间是凌晨2点左右。

在理想的夜空环境中，肉眼就能看到双子座中一个令人惊艳的天体——不需要单筒望远镜或双筒望远镜！M35星团靠近双胞胎其中一只的"脚"，是由数千颗星组成的松散星团。想看到M35星团，另一种方法就是寻找猎户座明亮的恒星参宿四（Betelgeuse），朝向双子座这边。M35星团看上去像空中的一小团云，但它真的是由数以千计的星构成的。

重要信息

日期：12月4日至12月17日

通常最活跃时期：12月14日至12月15日

最容易见到的区域：北半球，不过南半球也可见到

小熊流星雨

12月16日至12月26日

和新年伊始时一样，年尾也会迎来一场于夜空中上演的灿烂表演。小熊流星雨（Ursids）时间很短，发生在12月16日至12月26日，于冬至左右，即12月22日至12月23日进入最活跃阶段。流星雨期间，每小时能看到5~10颗流星，具体视年份定。和象限仪流星雨一样，小熊流星雨的巅峰期很短，通常只有12小时，在此期间流星活动达到最大值。

小熊流星雨源自19世纪中期首次被观察到的塔特尔彗星（Tuttle's Comet）。在引发主要流星雨的彗星中，塔特尔彗星显得与众不同，因为它被认为是一颗相接双星：像是两颗独立的天体在引力作用下连接到一起。它是已知的最大相接双星彗星，也是唯一引发流星雨的此类彗星。

小熊流星雨是最容易观察到的流星雨之一，辐射点位于小熊座内，通常直接来自小北斗七星。它们看起来就在北斗七星正上方，靠近北极星。小熊流星雨发生在北半球的隆冬时节，留意北部天空。如果你的位置足够靠北，就直接抬头向正上方看。

左起：亚利桑那州波塔尔（Portal）上空的大熊座和小熊座；在纽芬兰，徒步者凝望大熊座

引发小熊流星雨的塔特尔彗星是以著名美国天文学家的名字命名的，你或许听说过此人：贺拉斯·帕内尔·塔特尔（Horace Parnell Tuttle）。他还和其他人一起发现了斯威夫特－塔特尔彗星和坦普尔－塔特尔彗星，前一颗彗星引发了8月的英仙流星雨，后一颗是11月狮子流星雨的源头。

重要信息

日期：12月16日至12月26日

通常最活跃时期：12月22日至12月23日

最容易见到的区域：北半球

人类对太阳心存感激的理由不胜枚举。这颗恒星产生的引力维系着太阳系，它的光和热是人类这一物种赖以生存的基础。除此之外，它还制造了壮观的灯光秀，我们称之为"极光"。

太阳是一颗活跃的恒星，其能量来自核聚变，每一次核聚变过程中，都会有大量粒子被加速到足以逃逸出太阳引力阱的速度，并以爆炸波的形式传播至整个太阳系，速度约为每秒400千米，这就是太阳风。其物理学机制尚无法解释透彻，不过科学家们还在不断研究距离我们最近的这颗恒星，试图解开这一谜团。由太阳耀斑或日冕物质抛射所产生的此类粒子所携带的能量尤为强大，它们与地球的大气层碰撞形成了极光，这是地球上最令人着迷的自然现象之一。亲眼目睹极光是南北半球高纬度地区冬季旅游业的主要亮点之一，对于很多游客来说，这是终生难忘的极致体验。

极光是由于带电质子和电子与行星磁层中的原子相互碰撞而产生的。如果在地球上发生，我们就根据所出现的半球，将其称为北极光和南极光。太阳系中带有强大磁层的其他行星也会出现极光，例如科学家们就已经在木星和土星上观察到了这一现象。当这些粒子与地球大气层中的原子发生碰撞时会发光。根据碰撞原子的不同以及碰撞位置在大气层中深度的不同，光的强度会发生改变，颜色也会从白到红、从紫到绿变换，当带电氮原子受到撞击时，甚至会呈现蓝色。随着太阳风"吹"过地球大气层，极光似乎在翩翩起舞。

北极光（aurora borealis）是指在北半球可以看到的极光。这个名称是伽利略（Galileo）取的，由罗马神话中曙光女神的名字加上希腊语中的"北风"一词组合而成。北极光在北半球大部分高纬度国家都能看到，比较受欢迎的旅游目的地包括冰岛、挪威和加拿大。值得一提的是，北极光会围绕着所谓的极光椭圆区出现，形成一个近似以北极为中心的环，面积覆盖整个北极圈，与夏天可体验午夜艳阳的区域几乎重叠。有时候，强烈磁暴的产生意味着更往南边的一些地方也会出现极光，譬如美国的北方地区和欧洲大陆。

南极光出现在南半球，其成因与北极光相同。南极光椭圆区围绕着南极，这一区域最有可能出现南极光。南极光的可见地区主要集中在澳大利亚（尤其是塔斯马尼亚）、新西兰和南极洲，而在南美的巴塔哥尼亚地区以及南美沿海的岛屿，包括马尔维纳斯群岛（英称福克兰群岛）、南乔治亚岛和南桑威奇群岛，偶尔也能看到这一景象。

欣赏极光时有一些注意事项。首先，你需要在一年中恰当的时间出发。虽然在两个半球全年都会出现极光，但只有在天空足够黑暗时它才是可见的。这通常意味着，要想看到极光，必须趁你所去往的半球正值冬季月份，此时才有更漫长的黑夜：北半球为11月至次年2月，南半球为6月至8月。鉴于此，如果有去观赏极光的打算，你得提前计划，也要穿得保暖一些。大多数极光旅游目的地的冬天都会下雪，而且天气寒冷，需要多穿几层做好保暖才能享受此番经历。

在身临其境之余，你一定想和朋友分享如梦似幻的极光照片。记得挑一个能见度足够好、极光指数（KP值，可用Aurora Fcst等手机应用程序查看）比较高的夜晚，带着你的相机和广角镜头去记录夜空中舞动的光之精灵吧。根据极光强度的不同，夜空的光线条件可能会产生很大差异，但总体上讲，选择尽量大的光圈（更小的f值）、比较高的感光度（ISO 800~6400）、4000K以下的色温，2~15秒的快门速度会适合大多数环境。你可能需要三脚架、快门线这样的稳定设备，同时使用手动调焦和手动对焦，这些都有利于相机在暗光环境下记录到清晰的画面。另外，极光照片的成功，很大程度上需要美妙的雪山、村庄或海滨等景观来衬托，所以选好前景非常重要。更有趣的是，与拍摄银河星空不同，极光在天空中出现的位置是难以预测的，并且一直在发生变化，所以能否在拍摄时随机应变，也是对摄影师的一大考验。由于相机在低温环境下的耗电速度会大幅加快，你最好带上1~2块备用电池，以免错过美妙瞬间。

最后需要记住很重要的一点，作为一种自然现象，极光在某种程度上是无法预测的。因为太阳活动本就变幻无常，集中出现在太阳两极翻转磁场发生变化期间。太阳活动大致以11年为周期，活动极小期和极大期之间能看到太阳黑子活动的增强，极大期前后极光现象加剧，上一次发生这样的情况还要追溯到2014年。有些专家认为，人类正在进入更长的太阳活动极小期，因此太阳黑子和耀斑现象减少。如果此说法为真，那么可以见到极光的纬度区间就可能缩小了。科学家们通过观测太阳磁场的涨落活动已经提高了预测的准确性，但要做到预报还是相当困难的。计划好前往某个极光目的地旅游，但到了当地发现没有办法看到极光的情况也是有可能发生的。所以安排极光之旅时，最好在目的地停留至少两三晚的时间，增加欣赏到极光的可能性。

常见的北极光观赏地区：

✿ 美国阿拉斯加

✿ 加拿大

✿ 芬兰

✿ 格陵兰

✿ 冰岛

✿ 挪威

✿ 俄罗斯

✿ 瑞典

常见的南极光观赏地区：

✿ 澳大利亚，尤其是塔斯马尼亚

✿ 新西兰

美国阿拉斯加

9月至次年4月

　　美国最北端的阿拉斯加州是观赏北极光的理想之地，即便远在该州南部的最大城市安克雷奇（Anchorage）也是如此。它也是美国唯一可以定期观赏到北极光的地区。由于没有大城市的存在（安克雷奇的人口还不到30万），我们很容易在天气晴朗的夜晚避开仅有的一点光污染，去寻找黑暗的

天空。如果你喜欢导览游，阿拉斯加的整个冬季都能提供这样的单日或多日追逐极光之旅。

费尔班克斯

　　作为阿拉斯加北方最大的中心城市，费尔班克斯（Fairbanks）是阿拉斯加内陆极光观赏之旅的主要基地。整

左起：德纳里国家公园；在阿拉斯加一处豪华露营帐篷上方出现了绿色的北极光

个冬季，你都可以驾车或坐飞机从安克雷奇前往费尔班克斯，然后自驾或跟随向导去探寻周边的乡野。

费尔班克斯的珍娜温泉度假村（Chena Hot Springs Resort）是个全年都受到游客欢迎的地方。冬季，度假村会提供狗拉雪橇、参观冰博物馆以及温泉浴等各种活动，如果得享天时地利，你甚至可以边泡温泉边欣赏极光！

德纳里国家公园

在冬季月份进入德纳里国家公园（Denali National Park）比较困难，且住宿选择有限（你可能需要住在公园附近的Healy），不过这并不妨碍它成为阿拉斯加最平易近人的大型国家公园。因没有被开发"染指"而让夜晚的黑暗有了保障，在德纳里峰[先前被叫作麦金利山（Mt McKinley）]的背景衬托下，北极光也很容易看到。

在白天，狗拉雪橇、越野滑雪和骑雪地摩托都属于很热门的活动，这些活动你既可以独立参加，也可以通过当地专门组织冬季旅游项目的旅行社提前安排。

安克雷奇

安克雷奇是阿拉斯加州最大的城市，这里拥有冬季旅行所需的所有主要便利设施。对于那些有兴趣了解阿拉斯加历史和传统的游客而言，安克雷奇博物馆 (Anchorage Museum) 是个富有吸引力的去处。如果2月初前来，你还能赶上皮草节 (Fur Rendezvous) 以及著名的艾迪塔罗德 (Iditarod) 雪橇犬比赛的开幕。

想在安克雷奇附近欣赏北极光，你需要离开市中心，前往鹰河 (Eagle River) 或格伍德 (Girdwood) 这样的小地方，然后再去拜访楚加奇国家森林公园 (Chugach National Forest) 等保护区，以避开光污染。在距离安克雷奇不到1小时车程的范围内，你就有可能找到完全黑暗的夜空，如果换作其他城市，想看到类似的地方需要跑得比这远得多。

左起：一栋小屋屹立在冰天雪地的阿拉斯加；费尔班克斯附近Ski Land的北极光

本书作者瓦莱丽·斯蒂麦克在阿拉斯加的鹰河长大，这里距离安克雷奇仅15分钟车程。她最推崇的极光观赏地是 **Beach Lake**，那里有很多可以停车的地方，树木的存在让夜空不会受到光污染的干扰。另外，还有一个小到"只有本地人知道"的观赏地点，你可以一个人静静地看一整晚的极光。

重要信息

何时去：阿拉斯加从9月至次年4月都会下雪。2月是旅游的最佳月份，因为著名的艾迪塔罗德雪橇犬比赛正在此时举办。

极光预告：费尔班克斯的阿拉斯加大学提供极光预报（https://www.gi.alaska.edu/monitors/aurora-forecast）。

网址： www.anchorage.net

加拿大
10月至次年3月

出现在白马市迈尔斯峡谷（Miles Canyon）上空的北极光

计划去加拿大旅行看极光，就要打消自己试图游遍全境的野心，将重点放在选择那些你想去体验的城市、省份和区域上。加拿大是个可以自己选择冒险历程的综合性目的地，你既可以在不列颠哥伦比亚的沿海水道乘风破浪，也可以去阿尔伯塔的冰原大道（Icefields Parkway）驾车飞驰，还可以在安大略和魁北克等大城市寻访探秘，或者去新斯科舍或纽芬兰品尝大西洋鲜美甘甜的海鲜。即便花上几个月乃至整个冬天，想把加拿大能够看到北极光的地方都玩遍也是非常困难的，更不用说这个广袤国度的其他美景了。与其面面俱到，不如把行程集中在那些除了观赏极光之外你还希望在白天体验的活动上。

在加拿大旅行有辆车会相对轻松些，它是自驾游的绝佳目的地。大多数高速公路整个冬天都会得到全面维护，所以开着四驱车自助规划和实施极光之旅是完全有可能的。从大多数城市出发的各色旅行团，可以提供遍布所有省份和各个区域的北极光观赏之旅，既有持续几个小时的短途旅行，也

有延续数天、覆盖多个旅行目的地的行程。鉴于加拿大幅员辽阔，大多数行程都只会集中于某一个省份或地区以内，也有跨越两个省份或地区的线路。

伍德布法罗国家公园，阿尔伯塔/西北地区

伍德布法罗国家公园（Wood Buffalo National Park）是加拿大面积最大的国家公园，同时也是得到认证的黑暗天空保护区。它位于阿尔伯塔遥远的东北部和西北地区（Northwest Territories）的南边，全年开放，其游客中心分别位于西北地区的史密斯堡（Fort Smith）和阿尔伯塔的奇普怀恩堡（Fort Chipewyan）。精彩的巴察伍德布法罗暗夜星空节（Thebacha and Wood Buffalo Dark Sky Festival）每年8月举办。尽管这个时节去看极光还太早，但节日举办期间会开展各种教育和研究活动，夜间可以观星，也有可能欣赏到极光。

怀特沃斯，育空

怀特沃斯（Whitehorse）是育空地区的首府，也是观赏极光的理想大本

营。由于光污染，从怀特沃斯很难直接看到北极光，只有在周边区域才能欣赏。从夜间旅行到多日远足，旅行社提供了各式各样的线路选择。在所有能预订极光之旅的加拿大城市中，怀特沃斯是最受欢迎的城市之一。如果想探索得更远些，你可以去位于怀特沃斯以北2

小时车程处的克卢恩湖 (Kluane Lake)，那里是寻访附近国家公园和冰川冰原的理想基地。还有更奢侈、更刺激的选择——预订一张从育空出发的Aurora 360包机航班 (aurora-360.ca) 的机票。这些航班会根据天气和极光预报的状况，将乘客带到比任何地面观测点都要

近的地方去看北极光。飞在空中追逐极光绝对是难得的独特体验。

丘吉尔港，曼尼托巴

丘吉尔港（Churchill）位于哈德孙湾（Hudson Bay）的海岸边，从这里的一处基地出发，游客们可以在夜晚追踪极光，白天还能看到北极熊。坐落于丘吉尔港的丘吉尔北部研究中心（Churchill Northern Studies Centre）专门研究包括北极熊和北极光在内的北极物种以及自然现象，有了他们的帮助，旅行者可以随时了解北极的气候和地理环境。丘吉尔港亦处于极光椭

左起：耶洛奈夫的一处湖泊倒映出北极光；一只北极熊在哈德孙湾岸边游荡

© Jason Simpson / 500 px; © Robert Postma / Getty Images

想了解更多关于极光的知识，可以前往曼尼托巴的丘吉尔北部研究中心参观。在冬季月份，该机构会展开极光和北极气候研究，他们欢迎对冬季自然现象感兴趣的游客光临。你可以待在温暖的室内，透过一个透明的圆顶观赏头顶的极光。在其他季节，你还可以在周边区域看到北极熊和白鲸。

重要信息

何时去：看北极光可选择在10月到次年3月之间前往。最佳月份是冬至前后，即12月到次年2月。

极光预告：Aurora Watch（www.aurora watch.ca）有免费的邮件预报系统，可以通知你加拿大境内北极光的预报或观测情况。

网址：www.destination canada.com

这里无论何时夜空都足够黑和足够晴朗，因此是观赏北极想去处。

西北地区

西北地区的首府，耶洛奈夫（ife）是另一个很好的大本营，你可以从这里出发去北方寻找北极光。这座城市位于大奴湖（Great Slave Lake）的北岸，向东或向西开始追光之旅都是可行的。在这两个方向上，你都很难看到人类开发的痕迹，光污染程度也很低，这使得耶洛奈夫成为搜索北极光的独立旅行者们的优质基地。

芬兰

9月至次年4月

在所有北欧国家中,芬兰或许是最被低估的北极光旅行目的地,尽管这里同样有精彩绝伦的极光,游客却不多。不要让这些表象阻止你前进的脚步:在芬兰,你可以沉浸于桑拿文化,在漫长的北极光观赏之旅后,用桑拿温暖自己的身体。拉普兰有很多小村落非常欢迎追逐北极光的旅行者前来,很多这样的城镇每年通常有多达两百个夜晚出现极光,不过这取决于太阳活动和天气状况。

尽管在北极光旅行计划中,芬兰并非常见的目的地,但还是有一些旅行社会提供该国的多日行程。你可以在白天尝试狗拉雪橇和桑拿浴之类的芬兰式体验,晚上去观赏极光。芬兰拥有发达的铁路和高速公路系统,这使得旅行者在芬兰全境自助旅行成为可能。

罗瓦涅米

芬兰最北地区的首府罗瓦涅米(Rovaniemi)是很受欢迎的极光旅行大本营。罗瓦涅米拥有"官方认证的圣诞老人故乡"之美誉,作为冬季旅行目的地广受游客欢迎。白天你可以去了解圣诞老人的历史,享受冬季运动或拉普兰的荒野。罗瓦涅米提供了众多便利设施以及长达6个月的极光窗口期,只要天气状况允许,该地区很多追踪极光的旅行者都会涌到这座城市。

从赫尔辛基以及其他欧洲城市乘坐汽车、火车和飞机都可以抵达罗瓦涅米。从赫尔辛基驾车到罗瓦涅米需9小时,乘坐火车13小时。

凯米

凯米(Kemi)位于波的尼亚湾(Bothnian Bay)沿岸,在这里可以沿着海面从芬兰一直瞭望至瑞典。如果你的注意力被极光带走了,也没什么好惊讶的。南边是水域,北边是相对未经开发的芬兰拉普兰,因此凯米几乎不存在什么光污染,整个冬季都能看到北极光。另外,凯米也是冰雪城堡(Snow

上起顺时针方向：拉普兰的北极光；罗瓦涅米的驯鹿；卡克斯劳泰恩北极度假村的玻璃冰屋

Castle）的所在地，冰雪城堡类似于瑞典尤卡斯耶尔维（Jukkasjärvi）的冰酒店（Icehotel）。每天晚上欣赏完极光以后，你就可以住在一间季节性的冰结构房间里。

相比于芬兰其他著名的极光旅游目的地，前往凯米会更困难一些，开车是最方便的。从赫尔辛基出发沿着波的尼亚湾蜿蜒曲折的海岸线开上8小时，即可抵达凯米，这条路风景优美，在中世纪时曾是一条驿道。

卡克斯劳泰恩

卡克斯劳泰恩北极度假村（Kakslauttanen Arctic Resort; www.kakslauttanen.fi）以其独特的"冰屋"住宿而获得了广泛的关注，这些拥有玻璃圆顶的建筑让游客可以直接睡在星空下——如果极光出现，抬头可见。卡克斯劳泰恩位于多座国家公园和受保护的荒野区域之间，减少开发意味着这里很少有光污染干扰你观赏北极光。这座北方小城已经成为芬兰不断兴旺

在芬兰，还流传着很多关于极光的传说。萨米（Sámi）原住民语言中代表极光的词汇为guovssahasat，它意指极光是死者的灵魂。在现代芬兰语中，极光被称为revontulet，它的字面意思为"狐狸火"。因为，在神话传说里，极光是火狐用它的尾巴制造出来的，它将雪晶铸入天空，并用火光照亮天空。这一带的其他文明过去也有类似的神话。

重要信息

何时去: 观赏条件最佳的月份在11月至次年2月。

极光预告: 使用Auroras Now!（http://aurorasnow.fmi.fi），它是由芬兰气象学会（Finnish Meteorological Institute）、欧洲航天局（ESA）和奥卢大学（University of Oulu）共同运营的。

网址: *www.visitfinland.com*

的极光旅游目的地的重要组成部分。

从赫尔辛基等主要的芬兰城市乘坐飞机，都可以便捷地抵达卡克斯劳泰恩。这里是一处理想的大本营，游客白天可以去体验冬季运动，晚上可以去观星。另外这里还有一座天文馆正在建设之中。

上起: 拉普兰上空的北极光; 用于观赏极光的玻璃冰屋

© Wide Wings / 500px; © Danita Delimont / Getty Images

格陵兰

9月至次年4月

在能看到北极光的国家中，格陵兰鲜有人至，这实在是一种遗憾，因为它是最适合观赏极光的地方之一。在地理位置上部分属于北美洲，在文化上则深受欧洲和原住民文化的双重影响，来到格陵兰人烟稀少的小村落，你可以同时体验到这两种文化。

旅行的最优选择分布于东西海岸两个方向：在西格陵兰，你可以在能够提供现代便利设施的城镇之间穿行；而在东格陵兰，最通常的做法是乘坐沿海渡轮，穿越这个国家大部分无人居住且受保护的区域。

如果是自助旅行，你要注意格陵兰的旅游配套设施和交通条件比其他国家要稍差一些，这也在一定程度上解释了这个广袤的冰雪国度缺少相应极光旅游业的原因。如果乐意提前规划或预订可安排交通的团队游，你就能真正体验到为什么格陵兰能够跻身世界顶尖极光旅行目的地之列。

努克

或许你会好奇在格陵兰首府努克（Nuuk）是否能看到北极光。这座城市仅有约17,000人，相比其他首府城市，这里的光污染简直少到可以忽略不计。另外，它还拥有格陵兰岛最国际化的一些景点。当然，如果选择出城观赏极光，可以避开城里仅有的一点光污染，观赏体验会更好，但实际上在努克城里直接观赏极光也是完全有可能的。

如果你计划去努克旅行，不妨将格陵兰的北极光城市康克鲁斯瓦格（Kangerlussuaq）也一起考虑进来。相比首府努克，往返康克鲁斯瓦格的航班选择要更加灵活。

康克鲁斯瓦格

如果计划去格陵兰体验一次极光旅行，你可以将自己安顿在康克鲁斯瓦格。康克鲁斯瓦格是格陵兰交通最方便的城市，既有季节性也有全年性的航班往返于国内和国际的目的地（冰岛的雷克雅未克和丹麦的哥本哈根）。

格陵兰北极星湾（North Star Bay）的一座冰川

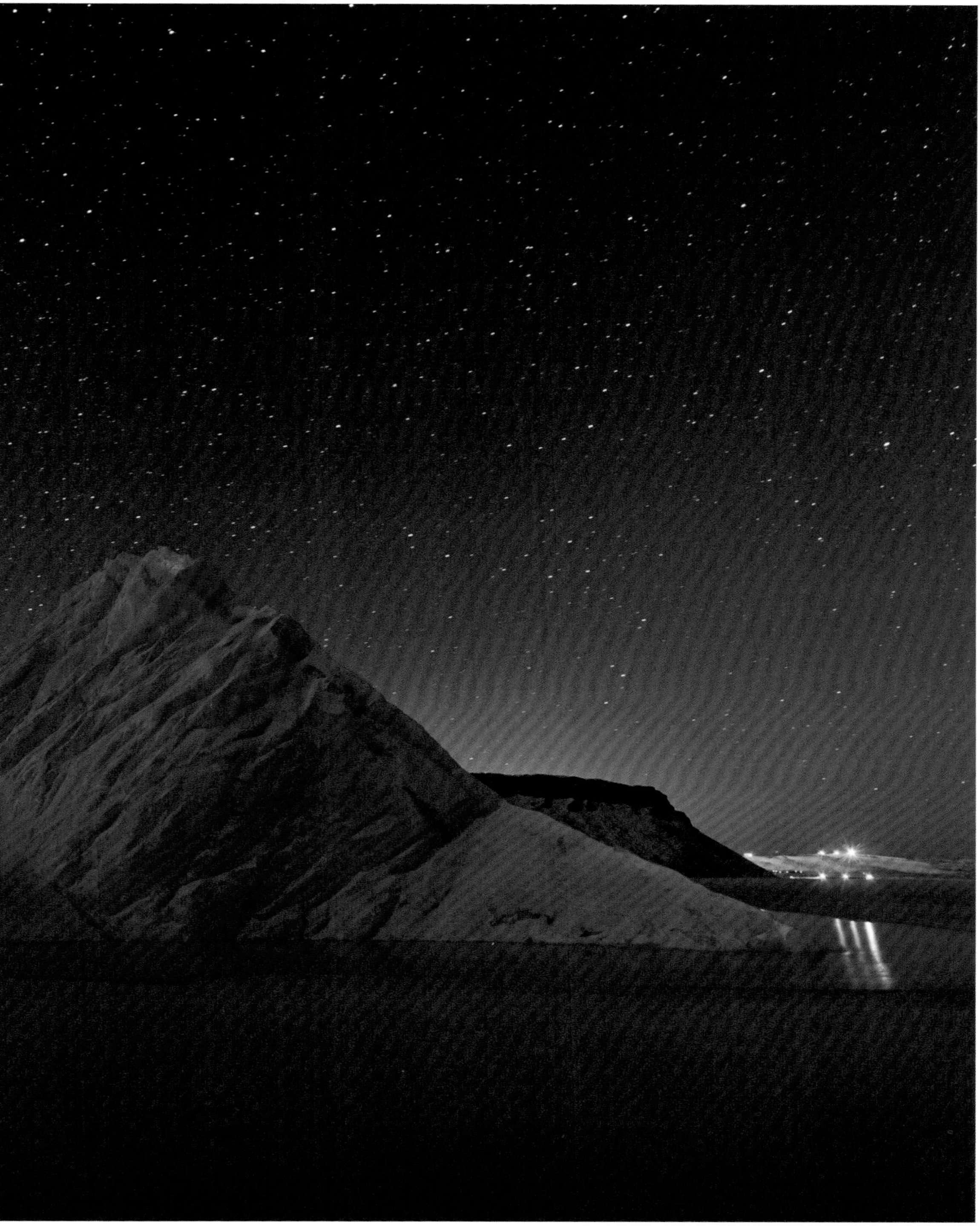

Courtesy of NASA GSFC

这座城市位于西格陵兰一处峡湾的深处，是观赏麝香牛（muskoxen）的理想地点。另外，这里是唯一有路通往格陵兰冰盖的地方，这片巨大的冰构造覆盖了格陵兰的大部分区域。你可以住在康克鲁斯瓦格，然后预订前往冰盖的旅行活动，去感受世界上最好的极光观赏体验。在冰盖上攀爬简直是一种超凡的经历。

伊卢利萨特

和康克鲁斯瓦格一样，伊卢利萨特（Ilulissat）也位于格陵兰的西海岸，游客来这里主要是为了游览被列为联

左起：格陵兰努克附近的北极光；一条从伊卢利萨特通往冰峡湾的木板路

© Vadim_Nefedov / Getty Images; © Lottie Davies

重要信息

何时去：格陵兰处于高北纬度，9月至次年4月都有可能看到极光，周期比其他地方要长得多。

极光预告：Aurora Service（www.aurora-service.eu）以短信的方式提供格陵兰地区的极光预报。

网址：*https://visitgreenland.com*

合国教科文组织世界遗产地的冰峡湾（Icefjord），当然也为了欣赏极光。天文摄影爱好者们会发现，拍摄极光和在迪斯科湾（Disko Bay）漂浮的巨大冰山是一种特别有趣的挑战。

有些带向导的极光游在伊卢利萨特城外开展，其他游览活动的日间行程安排在伊卢利萨特，晚上回康克鲁斯瓦格。这里可能是全世界最遥远的能看到北极光的城市，想必有这句话也就足够了！

冰岛

9月至次年4月

冰岛全境都能很轻松地欣赏到北极光，这也是它作为旅行目的地人气暴涨的部分原因。带导游的游览活动可以为寻找极光的游客提供帮助，不过很多旅行者会选择自助游览整个冰岛，白天体验冰岛文化，夜间寻找极光。

冰岛海德拉上空的北极光

黄金圈（Golden Circle）是一条备受欢迎的自驾线路，它是以雷克雅未克为起点和终点构成的环线，全长306公里，自助游或跟随向导都是可行的。冬天，沿途的很多村镇都非常适合观赏北极光。下文提到的3个最佳旅行目的地皆位于黄金圈上。从冰岛的其他地区当然也能看到北极光。冰岛南部是最受游客欢迎的区域，如果你想避开人潮，不妨考虑走环路（Ring Road），这条线路绕冰岛一圈，沿途会经过很多人烟罕至的小村镇。

辛格韦德利国家公园

距离雷克雅未克不到1个小时车程的辛格韦德利国家公园（Thingvellir National Park），是冰岛的顶级极光旅行目的地。此外，它还是一个被列入联合国教科文组织世界遗产名录的地方，由于非常靠近冰岛首都，全年吸引着游客前来观光。

这个成立于1930年的国家公园拥有令人惊叹的地质奇观，游客可以在白天探索古老建筑和遗迹，夜幕降临之后欣赏极光，园内设计前卫的酒店会提供别致的住宿环境，同时致力于不断升级对天文爱好者们的服务。

海德拉

海德拉（Hella）是雷克雅未克周边深受欢迎的小镇之一，旅行者经常蜂拥到那里观赏极光。当地的朗高酒

店 (Hotel Rangá) 为极光追逐者提供了很多便利条件，包括极光预报系统，帮助你在观赏极光时保暖的户外热水浴缸，以及能够在酒店自己的天文台回答你任何问题的酒店职员兼天文学家。

朗高酒店的房间非常抢手，每一季都会被订购一空，如果你想入住，那就得提前计划：要么提前几个月预订，要么在会下榻这家酒店的旅游团订购项目。

斯科加尔

斯科加尔 (Skógar) 一年到头都有大量游客前来，由于靠近斯科加瀑布 (Skógafoss)，这座村庄很快便成为了冰岛顶尖的旅行目的地之一。斯科加瀑布高18米，是个拍照的好地方。

从斯科加尔出发，既可以饱览冰岛令人惊叹的地理景观，也可以欣赏到北极光。在冬季月份，这里的人潮逐渐消退，瀑布周围的悬崖也被积雪覆盖，虽然瀑布还在倾泻而下，但湖面已经结冰。

出现在斯科加瀑布上方的北极光和星轨

© Javen / Shutterstock

尽管除了北极光以外，冰岛还有很多值得体验的内容，但若与极光失之交臂还是会让人无比失望。令人欣慰的是，冰岛的旅游业已经清楚地意识到游客们对于极光的渴望，有些酒店甚至提供了预报服务：如果极光开始出现，他们就会叫醒客人。

重要信息

何时去： 在冰岛，9月至次年4月都可以看到极光，最佳时间是12月至次年2月初。

极光预告： Aurora Service（www.aurora-service.eu）以短信的方式提供冰岛的极光预报。冰岛气象办公室（Iceland Meteorological Office）也每天提供极光预报。

网址： *www.inspiredbyiceland.com*

挪威
10月至次年3月

多年来，挪威一直是最受欢迎的北极光观赏目的地，这里的地理位置优越，而且很多小村镇就位于极光椭圆区内。想要体验一次追寻极光之旅，带向导的旅游团比比皆是，而获取自助游的资源也很便捷。这里冬季的天气条件非常理想，只要在你逗留期间太阳活动足够强烈，就有极大概率可以看到极光。

斯瓦尔巴群岛

斯瓦尔巴（Svalbard）群岛位于挪威最北端，被寒冷的北冰洋、格陵兰海和巴伦支海环绕。由于深入遥远的北极圈内，游览斯瓦尔巴群岛需要做一些更为周密的计划，但这里是欣赏极光的理想所在，它给人的感觉如同在世界之巅。斯瓦尔巴群岛地处极北，日照的年度变化非常剧烈，而朗伊尔城（Longyearbyen）每年甚至有155天见不到阳光！10月初至次年3月初是看北极光的最佳时节，尤其是冬至前后（12月底至次年1月初）的那段时间。

斯瓦尔巴也是北极熊生活的家园，它们在群岛上的数量甚至比人类还要多。在启程展开极光之旅之前，最好再复习一下关于观察北极熊的安全知识。

特罗姆瑟

特罗姆瑟（Tromsø）是挪威本土最受欢迎的极光旅行目的地，天气晴朗的晚上，在城里就能直接看到北极光。它也是附近地区众多极光团体游的大本营。白天，旅行者可以尝试狗拉雪橇和雪鞋徒步，还可以去参观驯鹿牧场，了解极北地区的冬季生活。

北角

北角（North Cape）是欧洲大陆的最北点，乘车可抵达。尽管作为极光旅行目的地，它不像特罗姆瑟、博德（Bodø）和塞尼亚（Senja）等小城那般为人所熟知，但有些极光追逐

特罗姆瑟的北极光笼罩了挪威峡湾的天空

者就是需要吹嘘的资本，他们可以炫耀自己体验过站在最北点看着北极光在天空舞动的感觉。冬季下暴雪和刮风的时候，道路交通会更加不方便。北角辖区内有很多作为极光观赏之旅大本营的小镇，其中包括洪宁斯沃格（Honningsvåg）和斯卡斯沃格（Skarsvåg），后者是世界上最靠北的渔村。

挪威其他的极光旅行目的地还包括罗弗敦群岛（Lofoten Islands）、维斯特龙（Vesterålen）、博德、塞尼亚以及灵恩峡湾（Lyngenfjord）地区。

左起：北角Gjesværstappan岛上的灯塔；北角的午夜太阳

在维京时代的古挪威神话中，极光代表了通往天空的一座火桥，它是由神明修建的。一位挪威年代史编者认为，极光要么是被巨大火焰所环绕的大洋，要么是让冰川发出荧光的能量释放。不过，在另一则古挪威传说中，极光是女战神骑着战马掠过天空时身上的盔甲闪烁的光芒。这些故事为夜空中变幻莫测的光芒增添了童话色彩。

重要信息

何时去：12月到次年2月最为理想，冬至前后黑夜漫长，更有机会看到极光。

极光预告：Aurora Service（www.aurora-service.eu）以短信的方式提供挪威境内的极光预报。

网址：*www.visitnorway.com*

俄罗斯

11月至次年3月

俄罗斯或许是北半球甚少有人专程为观赏北极光而造访的目的地。对中国游客来说，如果你愿意完成那些签证必须的文书工作，并提前计划好行程的话，俄罗斯是一个非比寻常又不太拥挤的极光旅行地。

和加拿大一样，俄罗斯也是一个幅员辽阔的国家，寻找极光的游客应该将自己的重点和行程缩小在特定的区域，这样才最有可能看到北极光。虽然去西伯利亚旅行听上去充满诱惑力，但是追逐北极光的过程非常困难，大多数旅行者都难以克服，何况在俄罗斯西部其实还有更容易抵达的目的地。

在俄罗斯，带导游的极光团队游通常比别处的行程时间更长，很多旅游活动将俄罗斯主要城市的景点观光和小城镇或目的地游览结合，在这些地方更容易看到极光。大多数前往俄罗斯的独立旅行者会去莫斯科或圣彼得堡游览，所以可以根据情况适当增加一些时间，从这些大城市到那些更有

可能观赏到北极光的目的地去看看。

摩尔曼斯克

由于纬度较高，再加上靠近莫斯科和圣彼得堡这样的大城市，摩尔曼斯克（Murmansk）通常是去俄罗斯看极光的最主要目的地之一。大多数带导游的团队游都会选择将摩尔曼斯克纳入行程。这座城市几乎与挪威的特罗姆瑟平行，靠近俄罗斯与芬兰的交界地带，极光观赏条件相差无几，游客数量却少很多。白天还可以去寻访本地的历史和文化博物馆，增进对于俄罗斯历史的了解。从莫斯科或圣彼得堡坐飞机约2个小时就能抵达摩尔曼斯克，因此它成了旅行者理想的观光地。整座城市坐落于巴伦支海和白海之间的科拉半岛（Kola Peninsula）上。俄罗斯境内的萨米小镇洛沃泽罗（Lovozero）即位于摩尔曼斯克的森林深处，它是为数不多的苏联时期遭受重创后恢复了传统的萨米社群之一。摩尔曼斯克地处北极圈内，几乎整个冬天处于黑夜之中。

上起顺时针方向：俄罗斯的极光；着传统的萨列哈尔德（Salekhard）服饰的女性；与众不同的圣彼得堡滴血救世主教堂（Church of the Savior of Spilled Blood）

纳里安马尔

纳里安马尔（Naryan-Mar）位于俄罗斯的极北地带，靠近巴伦支海，建立于西伯利亚的工业化时代。城里的一座本地纪念碑铭记了北极第一座俄罗斯城市普斯托泽尔斯克（Pustozersk）的历史，在冬季月份，游客只能通过雪上摩托车进入这座城市。纳里安马尔约有2万人，也是了解原住民族涅涅茨（Nenets）文化和俄罗斯北极历史的首选目的地。从莫斯科乘坐飞机到纳里安马尔需2.5小时，乌塔航空（Utair）全年每天都有飞往纳里安马尔的航班。这里的石油工业发达，所以游客们也经常会和石油公司的员工们共享航班。

萨列哈尔德

位于西伯利亚远东地区的萨列哈尔德（Salekhard）也是看极光的好地方。萨列哈尔德约生活着5万居民，地处北极圈的极光椭圆区内，观赏极光非常理想。白天你可以去了解北极的原住民历史，参加一年一度以冰雕竞赛为特色的冬雪节（Winter Show），或者加入该地区传统的驯鹿放牧活动中。

摩尔曼斯克上空出现的北极光

在斯拉夫神话中，女神卓雅（Zorya）象征着黄昏和黎明，被称为曙光女神（Auroras，在有些传说中，她代表两位女神）。她看守着长有翅膀的末日猎犬斯玛格尔（Simargl），后者被锁在北极星上，以防止它吞食小熊星座。斯拉夫传说认为，如果斯玛格尔逃脱，毁灭了小熊星座，宇宙将灭亡。

重要信息

何时去：如果想看北极光，可选择11月到次年3月的冬季月份前往俄罗斯旅游。

极光预告：Aurora Service（www.aurora-service.eu）以短信的方式提供俄罗斯境内的极光预报，尤其是靠近欧洲的地区，包括摩尔曼斯克。

网址：*www.russiatourism.ru/en*

瑞典

11月至次年2月

　　邻国挪威极光追逐者众多,瑞典似乎相形见绌,但不要被这些表象欺骗:瑞典——以及与之情况相类似的芬兰——同样都是充满吸引力的极光目的地。这三个国家沿着趋向于极光椭圆区的斯堪的纳维亚半岛向北延伸。在冬季月份,瑞典的大部分地区都非常适合观赏极光。

　　和邻国一样,瑞典也有各式各样的极光团队游,有些行程还会跨越边境进入挪威或芬兰。自助旅行深入瑞典探寻北极光也是完全可行的。

阿比斯库国家公园

　　迄今为止,瑞典最受欢迎的极光旅行目的地是位于瑞典和挪威北方边

左起: 阿比斯库国家公园; 进入尤卡斯耶尔维的冰酒店

境一带的阿比斯库国家公园 (Abisko National Park)。在天气晴朗的夜晚, 整个国家公园内都有可能看到北极光, 此外它也是瑞典奥罗拉天空站 (Aurora Sky Station) 所在地。由于海拔较高, 再加上没有光污染的干扰, 这座山顶天文台是公认的全球最佳极光观测地之一。

如果你参加的是带向导的团队游, 阿比斯库国家公园很可能也在行程内, 而且包含往返交通。如果你计划独立旅行, 不妨考虑从斯德哥尔摩乘火车去, 全程17个小时, 在穿过瑞典拉普兰向北行进的路途中, 可以欣赏到美丽的乡野风光。

基律纳

基律纳 (Kiruna) 是瑞典北方最大的城市之一, 全年生活在这里的居民近2万人。人口稀少让基律纳成了极光旅行的一流大本营。在天气晴好的晚上, 很容易从这里进入周边的乡村, 避开城市灯光去遥望夜空。正因如此, 很多行程中都包括了在基律纳过夜的安排。旅行者借助瑞典的铁路系统可以非常方便地抵达基律纳, 除此之外, 它也是雅斯兰吉航天中心 (Esrange Space Center) 的所在地, 这个火箭发射和研究机构同时也会对北极光和其他天文现象展开研究。白天观看火箭发射, 夜晚欣赏极光飞舞, 舍此其谁?

尤卡斯耶尔维

尤卡斯耶尔维（Jukkasjärvi）是个邻近基律纳的小城，以世界上第一家冰酒店而闻名。这家酒店完全用冰块建造而成，每年会吸引很多在瑞典境内旅行同时希望体验完整冬季的游客前来。全冰酒店也提供极光摄影团队游和"狩猎之旅"，旅行者可乘坐雪上摩托车前往瑞典的乡村，一睹北极光的魅力。

约克莫克

拉普兰小镇约克莫克（Jokkmokk）是瑞典最靠南的极光旅行目的地，可能也是造访人数最少的。事实上，它大致位于北极圈一带，是欣赏北极光的理想地点，只是相比其他地方交通不太方便，依靠自驾才能抵达。白天，有兴趣的游客可以去了解原住萨米人的历史和文化。在冬季月份，约克莫克自17世纪就开始举办的冬季市场（Winter Market）上，会展出各种本地的萨米艺术品和工艺品。

出现在一片瑞典针叶林上空的
北极光

查德·布莱克利（**Chad Blakely**）为地区极光团队游旅行社**Lights Over Lapland**工作。

"最美妙的瞬间当属看到我们的客人首次目睹北极光在夜空中舞动的时候，"他说，"我见过大男人泪流满面、年轻的情侣拥抱彼此、即兴的求婚、难以抑制的欢笑瞬间，还有像宗教一样的神奇体验。能够与客人们感同身受让我每晚都可以重温自己第一次看到极光时的感觉。"

重要信息

何时去：11月至次年2月是最理想的月份。

极光预告：Aurora Service（www.aurora-service.eu）以短信的方式提供瑞典境内的极光预报。

网址：*https://visitsweden.com*

其他北极光旅行地

除了前文提到的目的地，还有不少地区也有可能看到北极光，尤其是当极光活动特别强烈的夜晚。天气服务信息通常会预报这些小概率事件，这样就可以确保当地人不会错过极光异象。

美国北方各州

在太阳活动强烈的夜晚，美国北方的很多州都能看到极光，譬如华盛顿州、北爱达荷州、蒙大拿州、北达科他州和南达科他州、明尼苏达州、威斯康辛州和密歇根州，乃至包括缅因州、纽约州北部和北佛蒙特州在内的新英格兰部分地区。

尽管预测极光何时出现相当困难，但如果冬季去美国北方旅行，遇到寒冷且晴朗的夜晚时，你就有机会在北方的地平线处看到极光。

欧洲大陆

和美国北方一样，当太阳活动足够强烈，且天气状况处于最佳时，欧洲的一些国家也会出现北极光。其中运气最佳的国家当属向北延伸位于北海和波罗的海之间的丹麦，尤其是法罗群岛（Faroe Islands）地区。

爱沙尼亚、拉脱维亚和立陶宛所处的地理位置也足够靠北，因此也有可能看到北极光。正如前文提到的其他国家一样，你需要远离里加（拉脱维亚首都）或塔林（爱沙尼亚首都）这些大城市，以减少光污染的干扰，增加自己看到北极光的概率。

在荷兰、德国、爱尔兰、波兰和英国的英格兰北方、北爱尔兰，偶尔也能看到北极光。这些国家的极光很罕见，但是在黑暗晴朗的夜晚，配以适合的太阳活动状态，还是有可能看到极光的！

如果去爱沙尼亚旅行，记得一定要去参观卡里（Kaali）陨石坑。或许是因为有着强大"吸引力"的缘故，爱沙尼亚拥有世界上密度最高的登记在册的陨石坑。位于库雷萨雷（Kuressaare）以北18公里处的卡里陨石坑宽100米，深22米。这个特别圆的湖泊是因为至少4000年前的一次陨石冲撞而形成的。这一区域还有8个附带的陨石坑，直径从12米到40米不等，都是由同一颗陨石碰撞所形成。9个陨石坑共同构成的这片区域，是小型陨石在冲撞过程中改变地貌的最佳例证之一。在斯堪的纳维亚神话中，这处陨石坑现场被称为太阳之墓。

苏格兰

　　苏格兰北部是另外一个可能性较低但依旧有希望看到北极光的旅游目的地。在冬季，苏格兰北部和法罗群岛的交通通行会受限，如果你计划的旅程恰好碰到太阳活动强烈的夜晚，那么或许就能一睹极光的风采。

澳大利亚

6月至8月

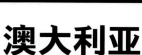

　　南极光（Aurora Australis）就是由澳大利亚得名，所以不去这个国家观赏南极光去哪里呢？澳大利亚幅员辽阔，可以看到极光的地方很多，但塔斯马尼亚岛是当之无愧的最好选择。如果你专程为看极光去澳大利亚，就要提前计划好远离那些热门城市，寻找可以看见极光的黑暗夜空。

　　尽管南极光并没有和北极光一样遵循同样的季节波动性规律，但冬天——6月和8月之间夜晚最长——依然是欣赏它们的最佳季节。澳大利亚沿海地区和塔斯马尼亚并不经常下雪，但冬季还是很冷，要带上适合的保暖衣物。南极光的出现没有时间规律可循，你可能需要在外面经历漫长的等待才能看到。

塔斯马尼亚

　　与澳大利亚南部海岸隔海相望的塔斯马尼亚岛是南半球观赏极光的最佳去处。更令人值得称道的是，只要

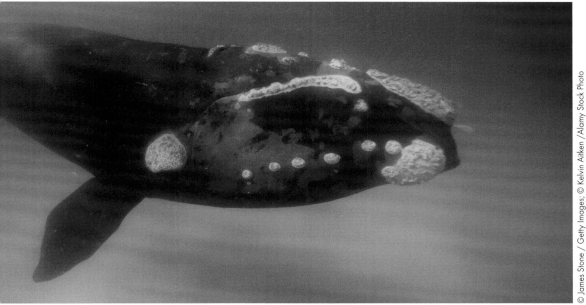

左起：南极光映衬下的星轨；经常在布雷默湾出没的南露脊鲸

光照条件合适，这里的南极光全年可见——不过，在塔斯马尼亚11月至次年2月的夏季月份，你可能需要等到后半夜才能一睹它的芳容。

位于塔斯马尼亚南部海岸的科克尔小溪（Cockle Creek），被认为是最佳极光观赏目的地，它距离塔斯马尼亚首府霍巴特（Hobart）有2个小时车程。更靠近首府的尼尔森山（Mt Nelson）和惠灵顿山（Mt Wellington）也是很受欢迎的景点，可以让你避开城市灯光去欣赏极光。霍巴特周边多处朝南的海滩同样适合看极光，其中包括豪拉海滩（Howrah Beach）、七英里海滩（Seven Mile Beach）和塔鲁纳海滩（Taroona Beach）。如果在贝特西岛（Betsey Island）上仰望，南极光出现时通常如同弧形掠过天空。塔斯马尼

亚的主要机场位于霍巴特和朗塞斯顿（Launceston）。这个荒凉偏远的岛屿也以蓬勃发展的美食和艺术而闻名，著名的新旧艺术博物馆（Museum of Old and New Art）就在这里。

维多利亚海岸线

在澳大利亚本土，风景优美的维多利亚海岸线同样提供了在晴朗夜晚观赏南极光的最佳机遇。在墨尔本安顿好自己，然后开上几个小时的车，逃离城市灯光。像朗斯代尔角（Point Lonsdale）、斯参克岬（Cape Schanck）和威尔逊岬（Wilsons Promontory）这些地方都足够偏僻，光污染不会对欣赏极光造成干扰。如果够幸运的话，你甚至还能捕捉到南极光闪耀于十二使徒岩（Twelve Apostles）上空的壮丽景致。

十二使徒岩位于大洋路（Great Ocean Road）上的坎贝尔港国家公园（Port Campbell National Park）内。如果你打算在这几个地方追逐极光，那就要计划好住在这一带，因为看极光要花上几个小时的时间，不可能每晚都驾车回墨尔本过夜。

南澳大利亚州和西澳大利亚州

在南澳大利亚州和西澳大利亚州的南部海岸线，当天气晴朗且太阳活动足够强烈时，游客在夜晚也有可能看到南极光，但看到的概率比在塔斯马尼亚或维多利亚州稍低一些。相比澳大利亚的东部区域，南澳和西澳的人口要更加稀少，这也有利于观赏极光。在这些地方，你可以远离东部海岸城市的拥挤和喧嚣（以及光污染），在南方的天空下放松地享受日光浴。

国家公园和保护区散落于海岸线上。去往干燥角国家公园（Cape Arid National Park）和菲茨杰拉德河国家公园（Fitzgerald River National Park）等区域，可以预订好过夜的营地。如果想拓展一下自己的自然体验，附近的布雷默湾（Bremer Bay）则是个全年观鲸的热点区，1月至3月可以看到虎鲸，7月至10月很多南露脊鲸会在此出没，有时候甚至能看到座头鲸从这里经过。

巴望头（Barwon Heads）十三海滩（Thirteenth Beach）上空出现的南极光

在澳大利亚开展极光之旅，记得一定要去新南威尔士州的沃伦本格国家公园（**Warrumbungle National Park**，见**44页**）。这座受到国际黑暗天空协会认证的黑暗天空公园远离悉尼、堪培拉和布里斯班的城市灯光。赛丁泉天文台（**Siding Spring Observatory**）就在这座国家公园的边缘地带。白天去看看东部灰袋鼠群，晚上与星光灿烂的夜空为伴。

重要信息

何时去：6月至8月的冬季月份夜晚时间较长，是看极光的理想时节。

极光预告：Aurora Service（www.aurora-service.net）的免费短信预报系统，可以预报澳大利亚本土或塔斯马尼亚岛何时会有望出现极光。

网址：*www.australia.com*

新西兰

6月至8月

南极光并非只在澳大利亚出现，在其他地方也能看到。新西兰的南岛（South Island）作为观赏地，已经越来越受到极光爱好者们的欢迎，他们白天可以在此体验新西兰冬季运动的魅力，晚上欣赏美丽的南极光。坎特伯雷（Canterbury）和皇后镇（Queenstown）外围拥有世界上最好的雪道，在雪地驰骋之余，滑雪爱好者们还可以前往因弗卡吉尔（Invercargill），那里最有可能看到南极光。

新西兰比塔斯马尼亚还要靠南一些，因此看到极光的概率也更高。和澳大利亚本土以及塔斯马尼亚一样，这里全年都会出现南极光，尤其是在太阳活动特别强烈的清晨时分。

因弗卡吉尔

因弗卡吉尔位于新西兰最南端，这里生活着55,000人。由于光污染，在城内很难看到极光，不过将它作为周边地区极光游的大本营非常理想。

从因弗卡吉尔出发，向东可到卡特林斯（The Catlins），这座森林公园拥有黑暗的天空，在天气晴朗的夜晚很容易看到南极光；向西前往峡湾国家公园（Fiordland National Park），尽管那里的山峰可能会阻碍游客观看南方天空的视野，但未被开发的原始状态使得这里成为非常适合观赏极光的暗夜之所；你还可以向南去海边小镇布拉夫（Bluff），从那里乘坐渡轮抵达斯图尔特岛（Stewart Island），或沿着福沃海峡（Foveaux Strait）的海岸线探寻，这一带拥有绝佳的南方天空视野。另外，记得观赏企鹅。前往南岛的游客不妨绕行向北，去探访另一处科学景点兼自然奇观，即位于扣扣奇海滩（Koekohe Beach）上独特的摩拉基（Moeraki）大圆石，它们让人产生敬畏之感，非常神奇。

斯图尔特岛

作为新西兰的最南点兼黑暗天空庇护所（Dark Sky Sanctuary），斯图尔特岛被普遍认为是新西兰观赏南极光

格林诺奇（Glenorchy）附近梅克尔约翰斯湾（Meikel Johns Bay）出现的南极光

的最佳所在。从南岛的布拉夫坐1个小时的渡轮即可远离主岛上的光污染。斯图尔特岛上超过85%的面积都被纳入拉基乌拉国家公园（Rakiura National Park）保护起来，因此这里很少有人居住，也没什么光污染。在有太阳活动的

晴朗夜晚，从斯图尔特岛上可以看到世界上最美的极光。

奥拉基-麦肯齐黑暗天空保护区

2012年，新西兰的南岛上建立了奥拉基-麦肯齐黑暗天空保护区（Aoraki

Mackenzie Dark Sky Reserve)。设立这个面积达4299平方公里的区域，是为了保护奥拉基（库克山）国家公园（Aoraki National Park）和附近特卡波湖（Lake Tekapo）周边的黑暗夜空，同时尊重夜空在毛利文化中的重要性。奥拉基－麦肯齐保护区提供了徒步和露营项目，另外还有黑暗天空团队游和观星活动。从克赖斯特彻奇（Christchurch）驱车前往保护区需3小时，从达尼丁（Dunedin）出发需3.5小时，这一目的地让你的旅程更加丰富。

左起：斯图尔特岛上拉基乌拉步道（Rakiura Track）处的码头；南极光映衬下的怀帕帕角（Waipapa Point）灯塔

© slyellow / Shutterstock; © Arrested Light Photography / Alamy Stock Photo

如果在观赏极光之余，你还想环游新西兰，那么可以考虑前往奥提瓦/大屏障岛（见87页），它位于北岛海岸附近，靠近奥克兰。这座孤独的岛屿在2017年被认证为黑暗天空保护区。

重要信息

何时去: 在新西兰全年都能看到极光，但最佳时机应该是6月至8月的冬季月份，此时的夜空相比夏季月份会更加黑暗。

极光预告: Aurora Service以短信的方式提供新西兰境内的极光预报。

网址: *www.newzealand.com*

其他南极光旅行地

由于地球上陆地板块分布的缘故，相比北极光，能看南极光的地方要更少。同样在冬季，要抵达最南端的极光观赏目的地也更加困难，浮冰导致南端大部分的海域都无法通行。

除了前文所提到的地方外，还有不少地方也能看到南极光，只是不太为人所熟知。这些地方都需要做周详的计划才能抵达——但如果你下定决心要把每个地方的极光都看一遍，那么它们应该被列在清单之中。

南极洲

作为地球南端的主要大陆，南极洲是观看南极光的天然场所。虽然就地理位置而言是最佳地点，但在极光出现最频繁的冬季，它也是最难造访的。

尽管南极洲一整年都有各种科学研究和观测活动，但对游客而言最好的时段还是局限于12月至次年2月，此时正值南极洲的夏季。能看到极光的平季（11月和3月），旅行者可能找得到

乘船游览的团队游项目，但不太常见，而且观赏南极光的机会也不太确定。

巴塔哥尼亚

跨越阿根廷和智利的巴塔哥尼亚地区同样足够靠南，有时候也能看到南极光。不过，南极光的情况很少见，而且需要在冬季月份进入巴塔哥尼亚多山的区域。很多旅行者会选择在阿根廷的乌斯怀亚（Ushuaia）安顿自己，然后尝试前往巴塔哥尼亚观赏极光。

马尔维纳斯群岛（英称福克兰群岛）

距离阿根廷东海岸483公里的马尔维纳斯群岛（英称福克兰群岛；Malvinas Islands, Falkland Islands）是地球上最偏远的地点之一。作为南极洲行程的一部分，很多游客前往马尔维纳斯群岛是为了看企鹅。如果选择在4月或8月的平季去巡游群岛，你也有可能看到极光。阿根廷的里奥加耶戈斯（Río Gallegos）和智利的彭塔阿雷纳斯（Punta Arenas）也间歇性地有航班飞

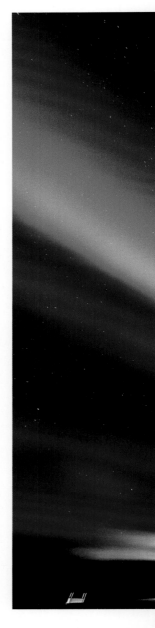

南极洲哈雷研究站上空的南极光大秀

往马尔维纳斯群岛。

南乔治亚岛和南桑威奇群岛

　　通常只能乘坐南极洲游轮前往的南乔治亚岛（South Georgia）和南桑

威奇群岛（South Sandwich Islands）比马尔维纳斯群岛更加偏远。多家游轮公司会在南乔治亚岛和南桑威奇群岛停靠，但在极光出现的平季，船次并不多。

日食与月食
Eclipses

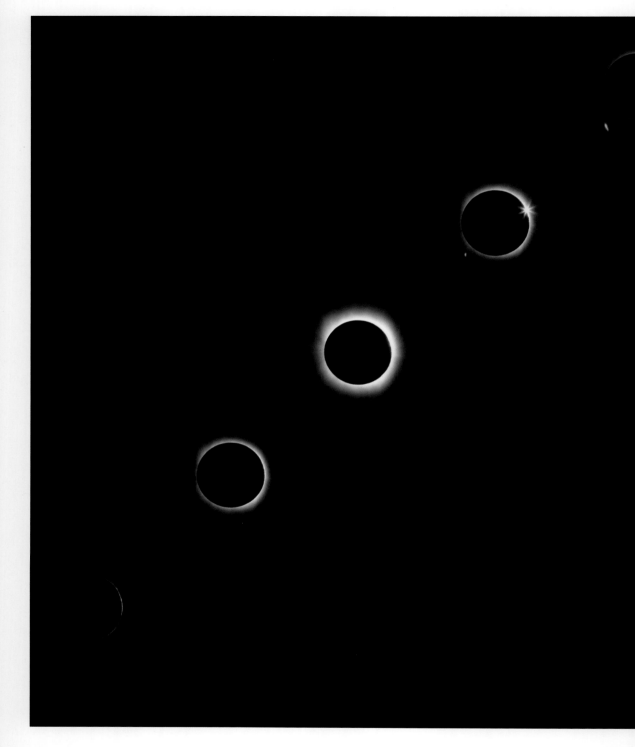

我们很容易将太阳的存在视为理所应当。早在人类出现前，太阳就每天升起，给地球带来一整天的光明，然后在晚上落下，白天让位于黑夜。它掌握着人们在黑夜观星、欣赏极光或捕捉流星雨的节奏。而到了白天，在太阳持续的照耀下，人类的生活有条不紊地进行。太阳一直都在按照它自己的时刻表升起、落下。直至日食出现，这一节奏被打乱。

作为天体之舞的一部分，地球绕太阳运行，而月球绕地球运行。当地球阴影部分与月球相交时，就会出现月食现象；当月球运动到太阳和地球之间，月球的影子投射到地球表面某个区域时，就会发生日食现象。根据日食发生时月球与地球之间的距离不同，月球可以形成两种影子：半影和本影，前者是一种松散模糊的影子，后者更小，颜色更深。根据距离以及我们能看到影子的区别，我们给日食起了不同的名字：日偏食、日全食和日环食。

日偏食　发生在月球运动至太阳和地球之间，在地球上投下半影的时候。严格来说，每一次日食在某种程度上都是日偏食。

日全食　发生在月球与地球之间的距离正好使得月球与太阳在空中的相对大小一致时。在日全食期间，月球完全挡住了太阳，形成本影 [umbra，我们称之为全食（totality）] 和半影（penumbra，在这个区域的人可以看到日偏食）。

日环食　发生在月球远离地球（比日全食时月球距地球更远）时，此时月球未能完全遮挡住太阳。这种日食更常见的名字是"火环"食，因为其会出现耀眼的光环。此时地球上不会出现月球的本影，所以没有日全食出现。严格来说，日环食是一种特殊的日偏食。

月食　发生在地球的影子投射到月球上时。同样，月食也分三种：月全食，就是地球完全挡住了太阳，地球本影完全盖住月球时；月偏食，地球本影只遮住了月球的一部分；半影月食，通常是月球进入的地球半影时发生。在月全食和月偏食中，处在地球阴影下的月亮都呈现红色，因而获得了"血月"的称号。

无论怎么称呼，日月食现象在人类历史中一直扮演重要的角色。人类记录的最早日月食可以追溯至公元前2134年，一些目前保存的最为古老的文献能提供相关证据。日月食往往被视为一种预兆，具体含义视该现象发生时的文化以及环境背景而定。在中国，日月食被认为与皇帝的健康和长寿有关，所以很有必要对其进行预测，失败的天文学家往往会被处以极刑。在日月食发生期间，巴比伦居民会将替补国王推上王座，这样诸神之怒就会降到他身上，从而保护真正的国王。在古希腊，日食标志着作战双方要休战。即便在今天，日月食对于亲历者而言，也是极为重要的时刻。

© Leo Patrizi / Getty Images

观看日月食的
安全提示

　　观看月食不需要采取特别的预防措施，但是如果你有计划去观看本章节提到的日全食，或者打算在其他时间观看日偏食或日环食，必须注意安全，尤其是在日偏食（或日环食）发生时，绝不能在没有对眼睛采取保护措施的情况下直视太阳。即便太阳看上去完全被月亮遮挡住了，如果不进行保护，眼睛也有可能受伤。日全食期间，当"贝利珠"（Baily's beads）或"钻石环"消失后，就意味着日全食开始了。只有在太阳完全被遮挡的情况下，才能拿掉护目镜，直接用肉眼欣赏。

　　国际标准化组织（International Organization for Standardization，简称ISO）对日食观测镜有专门的推荐，这样的眼镜会有ISO 12312-2等级标注。确保购买的护目镜，包括为相机准备的滤镜，都符合这一安全标准，以免视力受损。

　　有了正确的装备，你可以安全地看着天空逐渐变暗，就如同黄昏从四面八方涌来，而一直在白天照耀我们的太阳，消失在月亮后面。初次观看者可能会体验到人生最为卑微和动容的时刻。

全程追踪

　　21世纪20年代，几乎世界上所有主要地区都能看到日全食。根据我们与太阳和月亮的位置关系，每年会出现4～6次日月食现象（包括偏食、环食和全食）。那些难以用言语描述的全食现象差不多每隔18个月就会在世界某个地方上演。它们将经过一些最为偏远的地区，也有一些人口最为密集的区域。如果你从未见过日全食，这10年里会有不少机会。

　　月食和偏食固然引人好奇，但是建议优先考虑以下日全食。尽管其中一些路线本身就是一场冒险，但也有更多容易到达的路线，便于规划，且会让你觉得不虚此行。这将是无与伦比的体验。

2020年12月，南美洲南部将会迎来日全食，主要集中在智利和阿根廷。同一地区在2019年7月出现过日食。

2021年12月，企鹅将和最勇敢的旅行者并肩欣赏这一覆盖南极地区、南太平洋和大西洋部分区域的日全食。因为此次日食发生在当地的夏季，旅行社可能会借此机会帮助旅行者完成愿望清单上的两个：南极旅行和观看日全食。

2023年4月，日全食将会覆盖大洋洲和东南亚一片蛇形区域，其中大多数属于这个地区的偏远及乡村地带。因此这又是一次要求旅行者投入时间和金钱才能看到的日全食。该地区的主要城市也能看到日偏食。

2024年4月，北美将迎来不到10年内的第二次日全食（第一次是2017年8月的"美国大日食"）。来自美国以及全球的旅行者都会蜂拥前往此次日全食覆盖的区域——墨西哥、美国中西部、得克萨斯州和大湖地区，以及加拿大东北部。

2026年8月，欧洲将出现日全食，月球的影子将经过格陵兰岛、冰岛以及西班牙中部。欧洲大陆大部分地方也能看到精彩的日偏食，围绕此次日食必然会出现天文旅游热潮。

2027年8月，北非、中东以及遥远的东非地区将能看到21世纪持续时间第二长的日食——达到惊人的6分23秒。尽管部分地区政局紧张，但这一罕见天文现象的到来极有可能使得当地出现旅游热潮。

2028年12月，这个21世纪20年代最后一次日食将覆盖澳大利亚和新西兰。若天空晴朗，住在这两个国家的人将欣赏到精彩的日偏食，而澳大利亚悉尼和新西兰达尼丁这两座城市的人能看到日全食。

南美洲

2020年

　　智利南部及阿根廷的居民运气实在是太好了：继2019年7月的日全食之后，他们将在2020年12月14日第二次欣赏到日全食。2020年12月的这次日全食总时长达到130秒（2分10秒）。

　　在这次日食覆盖范围内的城市或较大的城镇并不多，智利的特木科（Temuco，人口：275,000）是最主要的能看到日全食的城市，其他城镇包括比亚里卡（Villarrica，人口：49,000）和普孔（Pucón，人口：22,000）。这些地方有望因为此次日全食而迎来旅游热潮，所以如果计划在此期间前往，最好提前准备。拥有3座火山的比亚里卡国家公园（Parque Nacional Villarrica）位于日食路径中心，在Quetrupillán设有露营地，你可以在茂密的常青南洋杉林中欣赏壮观的日食。

　　12月标志着智利夏季的开始，此时踏上愿望清单之旅再合适不过了。乘坐Navimag渡轮沿巴塔哥尼亚海岸前往纳塔雷斯港（Puerto Natales），一路穿越峡湾。渡轮从蒙特港（Puerto Montt）出发，从特木科搭乘公共汽车向南5小时可到达港口。不过，如果你想要在观看日食的同时去一趟阿塔卡马沙漠（Atacama Desert）著名的天文台就要注意了：两地分布在这个狭长国家的两端。从圣地亚哥飞回家之前，不妨前往智利海岸的瓦尔帕莱索（Valparaíso），在浓厚的节日气氛中跨个年。

　　虽然日全食只出现在南美大陆极小一部分区域，但北部一直到厄瓜多尔、秘鲁和巴西，大多数居民都能看到日偏食，包括秘鲁的利马、智利的圣地亚哥、巴西的里约热内卢、阿根廷的布宜诺斯艾利斯在内。南极洲以及南非部分地区也能看到日偏食。你甚至可以在南非的开普敦或纳米比亚的温德和克（Windhoek）看到日偏食。在日偏食路径上观看时，切记做好安全保护措施，以免眼睛受到伤害。可以带上自己的日食眼镜，也可以自己做一副。

上起顺时针方向：这一地区的
特色植物南洋杉；圣地亚哥意
大利区（Barrio Italia）街头；带
"贝利珠"的日全食

© Francisco Negroni / Alamy Stock Photo

若前往该地区欣赏日全食，可以考虑提前两周启程。**2020年11月30日**，半影月食将会覆盖这片区域。不同于日全食或日偏食，半影月食期间，月球不会完全处在地球的阴影里，月球上只会出现略暗些的影子。虽然这种月食不如出现血月那么明显，但仍然是极少见的，能够观察到地球阴影对月球造成的影响。

重要信息

日食具体信息： 食甚时间为2020年12月14日16:13:28 UTC（协调世界时，之前被称为GMT）。

日全食路径主要城市： 特木科、比亚里卡和普孔，都在智利。

比亚里卡火山

南极洲

2021年

© David Merron Photography / Getty Images

大多数来南极洲的旅行者是为了看企鹅，并且探索世界之极的辽阔边疆。对于宇宙爱好者而言，这里也有欣赏到日全食的机会——2021年12月4日即会上演。2021年12月的这次日全食将覆盖南极洲，持续时间达到231秒

清澈的蓝色冰面上，一群阿德利企鹅正在休息

（3分51秒），但遗憾的是，考虑到此次日全食的路径，这一区域几乎没有人类定居点，所以不太可能看到。南极半岛多数大本营都为日全食路径环绕，但是没有交集。这一大片路径反而靠近地理意义上的南极点以及狂野的南冰洋海域——不折不扣的禁果。真的走这一趟的话，绝非度假，更像是一次全力以赴的探险之旅。

此次日全食覆盖的是世界上最荒凉的区域之一，在其路径上只有一个永久定居点：南极洲奥卡达斯站（Orcadas，人口45）。日食临近尾声时会抵达奥卡达斯站，所以只有58秒的日全食时间。在其他地方，只有大量企鹅能够看到这精彩的一幕。鉴于它发生在最偏远大陆一望无际的冰川之上，所以肯定比大多数日食更令人叹为观止——不仅仅是因为没有什么人会来打扰这份宁静。

如果你计划去看这次偏远的日食，可以考虑预订此时间段的当地游轮。如果可能的话，游轮和旅行公司会尝试在传统的南极旅行项目中增加观看日全食这个环节。这个时间正是南极大陆旅行旺季，你有机会完成多项一生只有一次的体验。从智利的蓬塔阿雷纳斯（Punta Arenas）搭乘日食航班是个更为极致（也更为昂贵）的选择。这趟超级行程最远可达私有的联合冰川营地（Union Glacier Camp），该营地有自己的简易跑道。日全食光临南极洲

肯定会带来一些史诗级的旅行计划。在这个拥有午夜阳光的地方体验动人心魄的极致日食，必定令人们兴致盎然，尽管去南极的机会有限。

日偏食路径对旅行者更友好。能够看到日偏食的主要城市包括南非开普敦、新西兰皇后镇、澳大利亚堪培拉和墨尔本、塔斯马尼亚霍巴特。

左起：南乔治亚岛昔日的捕鲸镇古利德维肯（Grytviken）；雷麦瑞海峡（Lemaire Channel）上的大型游轮

现在，很多南极游轮行程包含了在马尔维纳斯群岛（英称福克兰群岛）或南乔治亚岛（South Georgia）和南桑威奇群岛（South Sandwich Islands）停留。这些曾经无人居住的群岛在17世纪和18世纪被欧洲人发现、殖民并定居。如今两个岛群上建有开展研究和保护工作的军事基地，同时也是著名的企鹅聚集地。平季时节能看到南极光，但由于浮冰聚集，旅行受到限制。

重要信息

日食具体信息：食甚时间为2021年12月4日07:33:26 UTC。

日全食路径主要城市：无。日全食路径上唯一永久定居点是南奥克尼群岛的奥卡达斯站。

大洋洲及东南亚海域

2023年

当月球的影子蛇形般跨越东南亚的这片区域，这片地区就会陷入黑暗……2023年4月20日的日全食会覆盖澳大利亚、东帝汶和印度尼西亚的西巴布亚（West Papua），却像故意似的错过了所有主要城镇。由于日全食持续的时间很短，只有76秒（1分16秒），只有最虔诚的日食追逐者才会开启这趟日全食之旅。他们可能也会被相对罕见的全环食（hybrid eclipse）吸引，根据所处位置的不同，观看者可能会看到日全食或者日环食。

如果你为了看此次日食甘愿冒点险，那么需要了解以下几点。

2023年4月的日全食路径从澳大利亚大陆边缘出发，蜿蜒穿过分散在其东北部的岛屿，从印度洋一直到太平洋西面。虽然岛国东帝汶和印度尼

西亚的西巴布亚有小村庄能看到此次短暂日全食的精华，但很多地方可能无法承担接纳激增旅行者的重任，它们缺少日食追逐者需要的便利设施。西巴布亚作为印度尼西亚最大且最东边的省份，极有可能引起勇敢的探索者和业余民族学家的兴趣。但是，即便是这些人也需要小心行事。日食路径穿过的区域主要是长条状分布的乡野地带。

这条路径上最大的城镇之一是澳大利亚的埃克斯茅斯（Exmouth，人口2200），该地有望迎来旅行热潮，所以你需要提前计划。对于喜欢户外的人而言，在凯普山脉国家公园（Cape Range National Park）受保护的荒野露

澳大利亚埃克斯茅斯，航拍绿松石湾

营是不错的选择，只要你记得提早在网上预订。想要更奢侈的选择？不妨考虑租一艘可以住的船，沿日食路径经过的世界文化遗产宁格鲁礁（Ningaloo Reef）航行。这一澳大利亚最长寿的珊瑚岸礁靠近岸边，是世界上最主要的观看鲸鲨的地点之一。全环食发生在4月，恰恰是最适合观看这些生活在这片水域的温柔庞然大物的时节。东帝汶也为珊瑚礁和各式海洋生物所环绕，因此这些日食目的地也是任何有水肺潜水证书或喜欢浮潜的天文旅行

左起：鲸鲨及吸附在其身上的食客；澳大利亚亨伯里陨石坑上方的银河

如果你渴望避开人群欣赏这次日食，可以考虑去埃克斯茅斯，然后进入澳大利亚内陆地区。你将在那里找到3个非常棒的陨石坑：西澳大利亚的沃尔夫溪陨石坑国家公园（**Wolfe Creek Meteorite Crater National Park**）、北领地的戈斯崖陨石坑（**Gosses Bluff crater**）和亨布里陨石保护区（**Henbury Meteorites Conservation Reserve**）。要想造访这3个陨石坑需要自驾前往。

重要信息

日食具体信息： 食甚时间为2023年4月20日04:16:49 UTC。

日全食路径主要城市： 无，可以规划欣赏日偏食的行程。

者的理想之选。

如果觉得东帝汶、西巴布亚和西澳大利亚过于偏僻难以企及，那么有些主要城市至少能在2023年4月看到日偏食，包括更容易到达的澳大利亚珀斯、印度尼西亚雅加达、菲律宾马尼拉、新加坡、越南胡志明市。其实这整个地区都至少能看到日偏食，包括日本南部部分地区、中国台湾、整个马来西亚、巴布新几内亚、印度尼西亚和澳大利亚。该地区很多较大规模的城市有可能组织观赏日食的活动和团队游。

北美洲

2024年

© Witold Skrypczak / Alamy Stock Photo

得克萨斯州大本德国家公园奇瓦瓦沙漠，日落时分的骡耳峰

2017年8月"美国大日食"（Great American Eclipse）一结束，人们就开始讨论下一次日全食再来的时间了。幸运的是，对于数以百万奔赴日全食路径的旅行者（以及那些后悔没这么做的人）而言，不用等待太久：下一次覆盖

北美洲的日全食将出现在2024年4月8日。这次日食持续的时间也会比2017年那次长——达到268秒（4分28秒）。虽然日食在整个北美洲范围内持续时间达不到极值，但依然会让那些观看了2017年日全食的人感觉要长很多。

这次日食将朝东北方向跨越北美洲，整个大陆都能看见，甚至包括阿拉斯加东南部！和2017年8月的日食一样，预计会有数百万旅行者在2024年4月前往日全食路径覆盖的区域。因此，如果你想去看日全食，尽可能多提前点时间计划。酒店和旅行社可能需要提前数月预订，公路交通可能极为拥堵。如果你在临近日食时出行，做好可能全面延误的准备。可以考虑增加行程时间，去游览城市或附近能看到暗夜的景点。

日全食路径上有一系列主要城市，包括墨西哥的马萨特兰（Mazatlán）和杜兰戈（Durango）、美国得克萨斯州的达拉斯（Dallas）和奥斯汀（Austin）、印第安纳州的印第安纳波利斯（Indianapolis）、俄亥俄州的克利夫兰（Cleveland）、加拿大魁北克的蒙特利尔（Montréal）。沿途很多小村镇也能看到日全食。

就连一些黑暗天空公园也在日全食路径上，很适合添加至你的行程计划中。包括位于美国得克萨斯州与墨西哥接壤的大本德国家公园（Big Bend National Park）、得克萨斯州奥斯汀附近的着魔岩（Enchanted Rock）、俄亥俄州蒙特维尔的吉奥格天文台公园（Geauga Observatory Park）、魁北克的莫甘迪克山（Mont-Mégantic，黑暗天空保护区，见53页）。观赏日食之余，你也可以在这些地方加入观星等暗夜活动。

　　在日全食覆盖区域之外，一些主要城市能看到日偏食，包括墨西哥城、多伦多、纽约、芝加哥、洛杉矶和华盛顿。南太平洋、中美洲，甚至欧洲大陆部分区域也能看到日偏食，因此这可能成为有史以来观看者最多的日食之一！

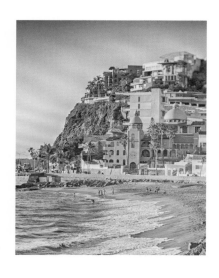

左起：墨西哥的马萨特兰海滩；
日出时分的达拉斯天际线

印第安纳州的印第安纳波利斯就位于2024年日全食路径上。这座城市被称为美国的十字路口，将吸引来自世界各地的日食追逐者，它也为迎接人潮做好了准备。作为印第安纳波利斯500英里大奖赛（又被称为"印第500"）的主办方，印第安纳波利斯赛道已经计划招待35万奔着"最大日食奇观"而来的人。

重要信息

日食具体信息： 食甚时间为2024年4月8日18:17:16 UTC。

日全食路径主要城市： 墨西哥纳萨斯镇（Nazas，人口3600）能看到持续时间最长的日全食。得克萨斯州奥斯汀和达拉斯这样的主要城市也是很理想的选择。为了迎接大量涌入的日食追逐者，这些城市在旅行基础设施建设方面下了大功夫。

欧洲

2026年

　　当北美洲因为日全食而兴奋不已时，欧洲人或许会好奇什么时候轮到他们。机会就在2026年8月。世界各地的旅行者可能会为了这次日食拥至欧洲，因为其路径经过了欧洲一些最受欢迎的地方。2026年8月12日，在太阳逐渐落下的过程中，月球的影子会落在地球上，最长持续时间为138秒（2分18秒）。尽管在路径上的多数主要城市可以观测日全食的时间没那么长，但你仍然需要尽可能提前计划。你也可以去伦敦、巴黎或罗马这样的城市看日偏食。

　　在能看到2026年日食的地区中，格陵兰并不像其他地方那样容易前往，但它是最像世外桃源的去处之一。对于富有冒险精神、想在东格陵兰岛看完将近两分钟的日全食之后体验其他极地活动的天文旅行者，这也是个很好的目的地。提前计划，预订团队游或游轮游览峡湾和东格陵兰岛冰川，体验狗拉雪橇、雪鞋健行或滑雪。在8月中旬发生日食的那段日子，日落后你还能看到北极光。

　　想看2026年日全食，冰岛或许是最好的目的地。雷克雅未克是位于日食持续时间最长点附近的最大城市。在雷克雅未克或者附近的辛格韦德利国家公园（Thingvellir National Park），你可以看到短暂的63秒的日全食，然后是下半场——持续2小时的日偏食。日食期间，太阳将会沉入地平线，因此不管在哪里观看，务必选择能清楚地看到西部地平线的位置。在格陵兰岛观看此次日食时，你还有机会在极光季初期开展一次追光之旅。

上起顺时针方向：西格陵兰岛 Oqaatsut 村上方的北极光；东格陵兰岛上，狗拉着雪橇穿过雪地；冰岛斯特罗库尔间歇泉（Strokkur geyser）的落日

© Stewart Smith / Alamy Stock Photo ; © Juanma Aparicio / Alamy Stock Photo

无论你选择在哪座欧洲城市观看2026年日食，附近都有可能体验天文旅行。在格陵兰岛，你有可能在日食发生前后的夜晚看到极光；在冰岛，可以去杰古沙龙冰河湖（Jökulsárlón），那里也有机会看到极光；在西班牙，你可以顺道去奥尔巴尼亚（Albanyá）。

重要信息

日食具体信息：食甚时间为2026年8月12日17:46:01 UTC。

日全食路径主要城市：最长持续时间发生在冰岛雷克雅未克东部的北大西洋。在西班牙，毕尔巴鄂、瓦伦西亚和巴利亚多里德都位于日全食路径上。西班牙的伊比萨岛也能看到74秒的日全食，对热衷夜生活的旅行者而言，是不错的选择。

在欧洲大陆，日全食路径经过伊比利亚半岛大片区域，西班牙大部分地区都能完整观看。在欧洲其他地方和北非部分地区，人们能在日落时看到持续约45分钟到2小时的日偏食。要在西班牙观看日全食，去北部海岸的毕尔巴鄂（Bilbao）、西班牙中部的巴利亚多里德（Valladolid）或者靠地中海的瓦伦西亚（Valencia）。在大多数城市，日全食发生在太阳接近地平线时，你需要能清晰地看到西北部天空。日全食持续时间非常短，毕尔巴鄂为36秒，巴利亚多里德为89秒。马德里和巴塞罗那在日全食路径之外，但你可以选择其中之一为大本营，等到日食这一天，及早出发前往能看到日全食的地方。

左起：冰岛雷克雅未克风景；毕尔巴鄂古根海姆博物馆

北非

2027年

想象下尼罗河上空的太阳消失，直布罗陀海峡沿线的欧洲和北非城市陷入黑暗的情景。2027年8月2日，日全食将会出现在北非地区以及欧洲、中东小部分区域，这些地方会被黑暗笼罩。月球影子会路过非洲大陆北海岸，穿过红海和阿拉伯半岛部分区域，甚至越过非洲之角（Horn of Africa）。此次日全食持续的时间将达到惊人的383秒（6分23秒），是21世纪第二长的日全食。

想去看2027年日食需要提前计划。北非地区正在不断改善旅行基础设施。你可以考虑前往旅游经济发达的地区，西班牙南部[包括马拉加（Málaga）和加的斯（Cádiz）]是不错的目的地，摩洛哥丹吉尔（Tangier）这样的城市以及埃及尼罗河沿岸的聚集区也可以考虑。埃及的阿斯尤特（Asyut）是最靠近持续时间最长点的城镇，日全食时间超过6分钟，此外还能看到近3小时的日偏食。在著名的卢克索（Luxor）金字塔也能看到日全食，可惜尼罗河港口城市阿斯旺正好在日全食区域外。

阿尔及利亚和突尼斯北部区域、利比亚东北部也能看到日全食。当地和全球性的旅行社可能会提供多种选择，让你在观看日食的同时体验撒哈拉北部的沙漠活动。对于某些旅行者而言，沙特阿拉伯或许是不错的选择，吉达城（Jeddah）正好位于日全食路径上，在也门首都萨那（Sana' a）也能看到日全食。在计划日食行程时，需要注意这一地区政局情况。最后，在索马里的东北端，包括博萨索（Bosaso）在内，也能看到日全食。这些不同寻常的旅行目的地可能会吸引热衷冒险的天文旅行爱好者。

摩洛哥拉巴特（Rabat）、阿尔及利亚的阿尔及尔（Algiers）、突尼斯首都

安达卢西亚地区的马拉加位于日食路径上

突尼斯市（Tunis）、埃及开罗等主要城市都靠近日全食路径，但并不完全在其路径范围内。如果你选择其中一座城市为大本营，可以考虑制订前往日全食路径覆盖地过一夜或进行多日游的计划。此次日食肯定会引发旅行热潮，旅行社不会放过这个机会安排单日或多日团队游。

© Eventfh / Shutterstock

如果你去摩洛哥看日食，可以考虑在梅尔祖卡（Merzouga）和埃尔谢比（见78页）附近待几晚。摩洛哥东部有很多理想的观星地，这是其中之一。一些旅行社提供观星导览游，可以在沙漠过夜，这样你就能整晚欣赏璀璨星空了。

重要信息

日食具体信息：食甚时间为2027年8月2日10:06:36 UTC。

日全食路径主要城市：西班牙的马拉加和加的斯、摩洛哥的丹吉尔、埃及卢克索、沙特阿拉伯的吉达和麦加（Mecca）、也门的萨那都是不错的选择，旅行者能看到一次时长能载入历史的日全食，前提是当地政局稳定。

摩洛哥埃尔谢比沙漠的沙丘

澳大利亚和新西兰

2028年

　　尽管澳大利亚只有极小一部分地区能看到2023年的日全食，但在2028年7月22日，澳大利亚绝大多数地区，包括悉尼在内，都将在日全食路径上。这一日全食最长将持续310秒（5分10秒），能覆盖澳大利亚北领地、西澳大利亚州、昆士兰州、南澳大利亚州和新南威尔士州。日全食也将覆盖新西兰南岛。

　　2028年日全食将会覆盖澳大利亚

左起：新西兰隧道海滩；悉尼中央商务区和港口

相对偏僻、未开发的内陆大部分区域。爱冒险的旅行者在出发欣赏日全食之前，可能需要把车厢装满，或者找能深入这一地区的旅行社预订行程。如果你想尽可能长时间地欣赏日全食，可以前往西澳大利亚州的北部，在米切尔河国家公园（Mitchell River National Park）附近能看到完整的310秒日全食。

对于热爱城市的旅行者而言，只有一个地方可去：悉尼，你可以在那里看到3分58秒的日全食，日食时间总长为2.5小时。新南威尔士首府及周边沿塔斯曼海（Tasman Sea）岸边的小镇肯定会组织与日食相关的活动和团队游。此次日食发生在澳大利亚的冬季，有近五成的机会出现多云天气。如果天空晴朗，当太阳移向地平线时，留意北部天空。只有看得到西北地平线，看到日食的机会才最大。可以将南下前往塔斯马尼亚（见216页）看南极光加入到你的行程当中。

遗憾的是，乌卢鲁（艾尔斯岩）无缘2028年的日全食。不过，你可以在这一澳大利亚著名地标见到80%的日偏食。

　在新西兰,日全食将覆盖南岛。无论你是在西部海岸的峡湾地,还是东部城市达尼丁,新西兰的日全食将持续大约2分55秒,日偏食超过2小时。你也可以延长行程,在新西兰追逐南极光,主要是在南岛最南端。奥拉基-麦肯齐黑暗天空保护区(见221页)是另一个值得造访的地方。

左起: 卡尔巴里国家公园 (Kal-barri National Park) 海岸;
沃伦本格的大高顶

要享受黑暗天空,沃伦本格国家公园(见44页)是澳大利亚最好的选择之一,这是该国第一个黑暗天空公园。沃伦本格也是观看2028年日食的好地方,它就位于日全食路径上。你可以来一场彻底的宇宙主题之旅,去参观赛丁泉天文台(Siding Spring Observatory)。

重要信息

日食具体信息:食甚时间为2028年7月22日02:55:22 UTC。

日全食路径主要城市:澳大利亚悉尼、新西兰达尼丁是日全食路径上两个最大的城市。如果想避开喧嚣的人群,可以考虑周边的小城镇。

火箭发射
Launches

火箭的发明可以追溯至10世纪的中国宋朝。最初，火箭被用于投掷利箭，在历史记载中，它大多数时候都是作为武器出现。直到进入20世纪，火箭才开始被用于各种更为人性化的领域：技术革新、科学研究，甚至是太空旅行。从1957年人造卫星"伴侣号"（Sputnik）发射成功开始，人类就以惊人的速度进行太空发射。现在有近2000个卫星绕地球运转，数十个太空探测器正在探索太阳系的边缘区域——它们都是被火箭送入太空的。

在发射台亲眼目睹火箭违背物理规律、摆脱地球引力升空，就是见证人类非凡的创新之举，对任何目睹过这一盛况的人而言都是难以忘怀的经历。助推器发出的巨大轰鸣声久久回荡于耳畔，相隔数公里，还是能感受到火箭发射时散发的热量。即便身在远处，那种激动人心的感觉仍使得观看火箭发射成为最能激发肾上腺素的活动之一。

虽然在太空飞行发展的最初60年里，有近40,000次火箭发射，但大多数人从未有机会观看。其中一个原因是发射台通常地处偏远地区，远离人类居住区。发射火箭进入太空具有极高的风险，数十年来，在升空的过程中，火箭及助推器的大部分组成都会分离并落回地球，通常是掉入大海。为了降低发射产生的影响，发射台总是建在远离城市、靠近海岸的地方。随着时间的推移，城镇逐步发展，越来越靠近航天港，因此前往发射台也变得更加便捷。

如果你想亲眼见证火箭发射，计划的灵活性很重要。尽管发射火箭的场面非常壮观，但它们属于太空飞行任务，并非面向旅行者的活动。这意味着它们的日程安排变化无常。火箭发射常常因为技术问题或天气原因临时推迟、改期。发射日期至多提前几周公布（除非是非常重要的发射任务），也就是说制订观看计划并非易事。Spaceflight Now列出了世界范围内即将进行的火箭发射场次，并附带简短的描述，查找起来非常方便。如果可以在载人航天发射、非载人航天发射之间选择，且日程安排对你而言很重要，一定要选择没有航天员参与的发射。因为这种情况在发射条件方面要考虑的因素比较少，所以火箭很有可能按时发射（但要注意，无论哪种发射，最好都做好可能延迟的准备）。此外，避开试发射。虽然新型火箭或许能在首次计划日期发射成功，但在试发射时出现问题的概率较高。

少数国家拥有运行中的发射设施，而发射场地对公众及外国旅行者开放的国家更是少之又少。如果你有兴趣，而且能灵活安排行程时间，能接受发射推迟，可以去美国佛罗里达海岸、法属圭亚那亚马孙雨林附近、新西兰偏远的半岛，甚至是印度南部城市熙来攘往的街头观看。世界范围内，火箭发射频率在持续上升，也增加了可以亲身体验这种工程学奇观的机会。诚然，围绕火箭发射制订出行计划可能有点棘手，不过一旦你到了那里，引擎轰隆，倒计时开始时，你就知道一切努力都是值得的。这里介绍的每一个目的地都有其他景点可去，既有与太空有关的，也有其他主题的。

中国

中国国家航天局（CNSA）

一队骆驼经过戈壁滩沙丘

2018年，中国发射的政府资助的火箭数量与美国整个航空航天业发射火箭的总和相当，这一点也证明了中国正在向航天及太空领域的主导地位快速迈进。中国是第三个成功发射载人航天飞船的国家，并拥有自己的空间站。

悠久的历史、灿烂的文化及丰富的美食已经让中国成为热门旅行目的地，而在接下去的数十年里，对天文感兴趣的旅行者将有更多机会看到火箭发射及其他太空相关活动。中国四大主要发射中心发射火箭的频率不一，对公众的开放程度也不相同，但如果你正好在当地旅行时碰上火箭发射，见证这一壮观景象也是有可能的。

酒泉卫星发射中心又被称为东风航天城，位于戈壁滩上，地处中国内蒙古高原。酒泉卫星发射中心建于1958年，是中国成立最早且运行时间最长的发射基地，也是中国主要的载人航天发射场，发射目标包括已经坠落的天宫一号空间站。附近的酒泉市有近100万人口，有兴趣探索中国历代王朝史的人会以此为大本营。这一地区著名的景点包括晋朝的魏晋壁画墓、历史悠久的莫高窟、西汉酒泉胜迹。观看火箭发射的同时，可以去游览这些景点，进一步了解中国的历史、现在和未来。

太原卫星发射中心位于山西省境内。这一发射场建于1968年，自那之后发射了大量科学卫星、成像卫星及气象卫星。太原是个理想的大本营，此地距离北京有6.5小时车程，造访中国北方其他城市也很方便，包括拥有寺院庙宇和高山温泉的石家庄。你也可以从北京乘坐火车前往石家庄，如果有火箭发射的话，再自驾去太原。在北京，除了长城和故宫，还可以去参观位于中国运载火箭技术研究院内的中国航天博物馆。

西昌卫星发射中心位于四川省成都市以南。自1984年建成以来，该发射场就用于发射地球同步导航卫星和通信卫星，以及其他监视卫星和地球成像卫星。中国大陆公民可以入内参观。

文昌卫星发射基地可能是中国所有发射场中对公众最为友好的了，它位于海南岛，这里还有迷人的热带海滩。文昌卫星发射基地是中国最年轻的发射场，于2014年投入使用，它的地理位置优越，能够借助地球在低纬度更高的自转线速度提升发射运载效率。那之后，文昌卫星发射基地完成了几次发射，对中国新一代火箭及航天舱的载人航天技术进行测试。从香港、南宁和广州出发前往文昌，需要先乘坐60~70分钟的飞机，再加1小时的车程，是中国境内最容易造访的发射场之一。海南的海滩上已经兴起了观看火箭发射的热潮。目前正在规划的"旅行小镇"会吸引更多旅行者前往。

各国宇航员在英语里叫什么？美国人称宇航员为"astronaut"，俄罗斯人用"cosmonaut"称呼那些太空探险者，法国人则叫他们"spationaut"，中国太空人叫作"taikonaut"——这个英文词汇于20世纪90年代后期出现，是普通话中"太空"的发音加上后缀"naut"构成的，由一位马来西亚新闻记者首次提出。

重要信息

发射信息: 关于具体的发射最佳时间和火箭有效载荷等问题，以中国政府官方发布为准。一些网站确实列出了中国即将进行的火箭发射相关信息，但最好还是将这些作为一般参考。想看火箭发射，做好在相应地区待一周的准备——有些发射计划会提前，有些则会延后。

法属圭亚那

欧洲航天局（ESA）

法属圭亚那位于南美洲北部海岸，而世界上规模最大的航天局之一欧洲航天局（European Space Agency，简称ESA）选择此地作为发射场，乍看之下确实让人意外。不过法属圭亚那与赤道仅几个纬度之差，地理位置十分理想，能减少火箭燃料消耗，提升火箭运载能力。如其名所示，这里是法国领地，法国也是欧洲航天局的总部所在地。

偏僻的地理位置、大多数未开发的雨林以及海岸线使得法属圭亚那非常适合作为火箭发射场地，能将对人类定居点的影响降至最低。对于富有冒险精神的天文旅行爱好者来说，这里也是完美的目的地，他们可以另辟蹊径，去探索世界上最少有人问津的地方之一。在法属圭亚那，加勒比、美洲大陆和欧洲的文化相互融合，赋予了欧洲航天局的火箭发射真正的多元色彩。

欧洲航天局成立于20世纪70年代中期，晚于很多航天局。在欧盟以及成员国的支持下，该航天局负责监管所有欧洲卫星发射的有效载荷以及前往国际空间站工作的欧洲宇航员的训练。整个21世纪10年代后期，欧洲宇航员历史性地在哈萨克斯坦的拜科努尔航天发射场（Baikonur Cosmodrome）与美国和俄罗斯国际空间站宇航员一起进入太空，而法属圭亚那的发射场地专门用于测试卫星有效载荷。

圭亚那太空中心（Guiana Space Centre，或Centre Spatial Guyanais，简称CSG）位于库鲁镇（Kourou）外，从法属圭亚那首府卡宴（Cayenne）出发，沿海岸线往北驱车1小时可达。库鲁拥有居民25,000人，还有一座CSG太空博物馆，如果你来法属圭亚那看火箭发射，这里是最理想的大本营。来访者可以学习到更多关于欧洲航天局的历史及发射相关的知识。在发射日，这里设有很多面向公众的观察点，但参与者要有书面通行证才能进入CSG场地。你可以提前向发射公司发邮件获取通行证。

CSG虽然不如世界上其他发射场那么活跃，但欧洲航天局能提供准确的发射相关信息，并且会提前公布。大

法属圭亚那库鲁镇，圭亚那太空中心的发射台

© HomoCosmicos / Alamy Stock Photo

乔·帕帕拉多（Joe Pappalardo）造访了世界上绝大多数航天港，并将这些经历都记录在了他的著作《航天港地球》（*Spaceport Earth*）中。法属圭亚那在旅游配套设施方面可能没有那么完备，但这趟行程仍会让你兴奋。"即便是夜间发射，也要带上双筒望远镜。"他建议，"天空很黑，你能看到火箭在高空解体的过程，炙热的助推器脱落后仿佛在空中翻滚闪烁。"

重要信息

发射信息：CSG主要的发射承包商Arianespace会在其网站提前发布关于非涉密有效载荷发射信息。可提前从航天港处获取书面通行证。

旅行社：法国国家空间研究中心（National Centre for Space Studies，简称CNES）经常会组织CSG的导览游。

多数旅行者可能不会正好在火箭发射时来到法属圭亚那，所以如果你决心去看欧洲航天局的火箭发射，最好安排灵活的行程，以防出现发射推迟的情况。好在这里靠近海岸，很容易消磨时光。来访者可以参加当地的稀树草原团队游，了解与火箭和天体物理学家生长在同一片土地的动植物们。

印度

印度空间研究组织 (ISRO)

大多数旅行者造访印度是为了体验文化、品尝美食、探索历史古迹。喜爱天文的旅行者还能增加一个选择，那就是见证火箭发射。印度的火箭发射日程有时候会出现数周或数月的推迟，因此旅行者需要制订足够灵活的计划，只要有耐心，就能看到印度空间研究组织 (Indian Space Research Organisation, 简称ISRO) 在位于其东海岸的金奈 (Chennai) 北部发射火箭的场景。

ISRO于1962年建立，1969年改为现在的名字。为了应对全球太空竞赛，印度ISRO发展出了足以与美国NASA、俄罗斯联邦航天局以及欧洲航天局等发达国家太空机构媲美的技术。如今，ISRO主要负责印度卫星发射，并致力于发展卫星有效载荷相关技术。

位于安得拉邦 (Andhra Pradesh) 的萨迪什·达万航天中心 (Satish Dhawan Space Centre) 是ISRO主要的发射场，也是过去几年唯一进行过发射的发射场。即便是在没有发射任务的日子里，外国访问者也不能入内参观，不过公众有望在附近的布利格德湖 (Pulicat Lake, 旱季会变成盐滩) 以及周边看火箭发射，具体取决于发射的季节和时间。布利格德湖也是鸟类保护区。

金奈的印度教卡帕里斯瓦拉神庙 (Kapaleeshwarar Temple)

© Jayakumar / Shutterstock

印度一直想要加入将人类送上太空的国家之列。2018年，印度总理纳伦德拉·莫迪 (Narendra Modi) 宣布印度载人航天计划 (Indian Human Spaceflight Programme，简称IHSP)，目标是在2022年前完成首个载人航天任务。

重要信息

发射信息： ISRO会公布最佳发射时间及非涉密有效载荷相关信息，但发射通常会因技术或天气问题而推迟。如果你想去这一地区看火箭发射，就要提前计划，留出足够的时间。

旅行社： 目前尚未有旅行社组织ISRO火箭发射相关的导览游。

日本

日本宇宙航空研究开发机构（JAXA）

日本已经证明其在航空航天工业全球领先地位。21世纪，它开始进一步提升发射能力，并致力于在其他航天技术领域有所创新。日本国土面积相对较小，且与其他具备火箭发射能力的国家相比，交通异常发达，非常欢迎旅行者，包括在非发射日来参观发射场的外国游客。如果你想游览未来感十足的东京，并且一睹日本火箭发射，可以提前计划，展开一次另辟蹊径的旅行。

日本的两大发射场都位于南部：内之浦宇宙空间观测所（Uchinoura Space Center）位于九州岛的鹿儿岛县，而种子岛航天中心（Tanegashima Space Center）位于更偏南的种子岛。这两个太空中心的选址是为了尽可能利用最南端的地理位置，在发射火箭时借助地球自转提升能源效率，增加有效载荷。

上起顺时针方向：筑波航天中心；极具未来感的新干线列车；种子岛航天中心的发射台

如果你计划去九州岛的福冈或长崎（长崎有令人动容的原子弹爆炸纪念碑），顺道去参观内之浦宇宙空间观测所非常方便。无论是公众友好程度，还是到达的便捷性，内之浦都更胜种子岛一筹。这里在非发射日对公众开放，你可以参加团队游参观发射场，并且日本宇宙航空研究开发机构（Japanese Aerospace Exploration Agency，简称JAXA）还在内之浦设有展览。发射日那天你甚至可以在观景台上见证火箭升空。

想去种子岛航天中心，你可以从鹿儿岛乘坐渡轮去种子岛，然后从码头驱车前往太空中心。种子岛有一家太空博物馆，里面有实物大小的国际空间站日本舱复制品，且每天都对团队游开放。虽然无法在太空中心内看火箭发射，但你可以在周边区域观看，包括指定地点，例如火箭山天文台（Rocket Hill Observatory）、竹崎观察站（Takesaki Observation Stand）和卡莫里峰展望台（Kamori-no-mine）。

日本有很多太空中心和基地，很多都对公众开放。如果你去东京，可以在行程中增加筑波航天中心（Tsukuba Space Center，简称TKSC），此地相当于日本的NASA约翰逊航天中心。别忘了查询下如何去参观日本首个获认证的黑暗天空公园——位于冲绳岛的西表石垣国家公园（Iriomote-Ishigaki National Park）。

重要信息

发射信息： 日本宇宙航空研究开发机构会公布最佳发射时间，但计划常常会推迟或取消。如果你计划前往日本看火箭发射，时间安排上一定要灵活，添加一些该地区的其他活动。

旅行社： 你可以独自前往内之浦和种子岛，目前已知旅行社中没有组织前往这两地的游览项目。

哈萨克斯坦

俄罗斯联邦航天局 (ROSCOSMOS)

© NASA Photo / Alamy Stock Photo

火箭在拜科努尔航天发射场
发射

如果你想去看俄罗斯联邦航天局的火箭发射，最好选择前往邻邦哈萨克斯坦境内的拜科努尔航天发射场（Baikonur Cosmodrome）——虽然第一反应恰恰相反。这一中亚国家领土面积位居世界第九，也是最大的内陆国家。

拜科努尔航天发射场最初建成时，哈萨克斯坦仍然是苏联的一部分，这个发射场是世界上最早且最大的仍在运行的发射场。"伴侣号"（Sputnik）就是在拜科努尔发射的，尤里·加加林（Yuri Gagarin）也是在这里登上东方一号，成为第一个进入外太空的人，创造了历史。20世纪早期，这里是主要的俄罗斯发射场，发射载人空间飞行器，包括将宇航员送至国际空间站。

虽然这一地区有机会看到火箭发射，但拜科努尔航天发射场附近并没有民用机场，所以你需要走陆路前往这个位于哈萨克斯坦西部偏远的哈萨克大草原上的发射场。因此，看火箭发射最好的方法是预订时间与发射日重合的旅行团。有几家旅行社提供私营团队游，包机从莫斯科出发，能在短时间内将旅行者送往拜科努尔。团队游提供多日路线，参观发射场是其中一个环节。参观太空飞行的摇篮，感受引擎震耳欲聋的声音敲打胸膛，这样的机会千载难逢。

瓦尔·切巴金（Val Chebakin）是Space Adventures的项目经理，这家全球化太空旅行公司组织前往拜科努尔航天发射场的团队游。"参观拜科努尔最令人震撼的就是火箭发射本身，感受发射那一刻的感官体验。"他说。切巴金建议不要在火箭发射时拍照："如果你专注拍照，只会得到令人失望的结果，而且你还将错过真正壮观的景象。好好享受眼前的场景吧。"

重要信息

发射信息：国际空间站相关以及非涉密有效载荷发射信息通常会提前公布。拜科努尔的火箭发射通常是在第一个发射有利时间内进行，因此很可靠。

旅行社：可以选择Space Adventures、Russia Flight Adventures和Star City Tours。

新西兰

火箭实验室

新西兰在很多方面都堪称理想的旅行目的地,尤其是这里拥有最棒的夜空,例如奥拉基-麦肯齐黑暗天空保护区和奥提瓦(大屏障岛)黑暗天空保护区(见87页)。在黑暗冬夜降临的那几个月里,你甚至有机会看到南极光。这些体验加上新西兰享誉世界的热情民风、文化和美食,使这里成为顶级旅行目的地。无论白天,还是黑夜,都是如此。

过去几年时间里,新西兰也为自己吸引到了第一家航天企业,现在你可以在玛希亚半岛(Mahia Peninsula)观看火箭发射了。2017年,总部设在美国的火箭实验室(Rocket Lab)在新西兰北岛玛希亚半岛的最南端建立了其私营一号发射场(Launch Complex 1)。

虽然从奥克兰或惠灵顿驱车都要7~8小时才能到达玛希亚半岛,但你也可以延长这次公路之旅,造访该地区著名的霍克斯湾(Hawke's Bay)的酒庄。

在预订行程之前需要注意,火箭实验室在运行第一年只完成了两次成功的试发射,且这两次都出现了推迟,比首次最佳发射时间晚了很久。此外,位于玛希亚半岛的发射场是私立的,不对旅行团开放。虽然发射频率和成功概率有望增加——一号发射场拥有每年发射120枚火箭的资格——你最好在安排行程时保证一定的灵活度,至少在近几年内,都要做好造访新西兰时可能看不到火箭发射的准备。

新西兰最适合天文旅行的季节是冬季,黑暗天空能保证更理想的观星效果,看到极光的概率也能增加。前往斯图尔特岛(**Stewart Island**),据说这个岛的毛利名**Rakiura**就源于上空闪烁的极光,意为"**发光的天空**"。

重要信息

发射信息: 火箭实验室确实会在网上公布计划的最佳发射时间,但要注意了:试发射阶段的数据都不可靠。目前新西兰没有其他的火箭发射机构。

旅行社: 目前没有已知旅行社安排去一号发射场的团队游,也没有旅行社组织新西兰火箭导览游。

左上起顺时针方向:玛希亚半岛泰勒湾;一座位于霍克斯湾的葡萄园;火箭实验室正在准备发射;发射场及设施

俄罗斯

俄罗斯联邦航天局

左起："联盟号"运载火箭起飞；莫斯科宏伟的尤里·加加林纪念像，他是第一位进入太空的宇航员

俄罗斯曾是太空飞行先锋，后来与其他国家合作建立了国际空间站，现在仍然是火箭发射领域顶尖的国家之一。俄罗斯的确在载人航天飞行发展上扮演了令人信服的核心角色，苏联太空计划（Soviet space programme）成立于20世纪20年代，如今更名为俄罗斯联邦航天局，引领了洲际弹道导弹的发展。俄罗斯在太空竞赛的很多类别上也都赢得了第一，包括首颗卫星"伴侣号"（1957年10月）、第一个进入太空的人（尤里·加加林，1961年4月）、第一个进入太空的女性[瓦莲京娜·捷列什科娃（Valentina Tereshkova），1963年6月]以及第一次太空行走[阿列克谢·列昂诺夫（Alexey Leonov），1965

© Georgy Golovin / Alamy Stock Photo; © Konstantin Shaklein / Alamy Stock Photo

年3月]。俄罗斯也建造了第一个长期载人航天站"和平号"(Mir),于1986年至2001年运行,是目前国际空间站的前身。如果没有俄罗斯在载人航天飞行方面做出的贡献,我们在21世纪航天领域的发展很可能达不到今天的水平。

尽管如此,和其他国家相比,前往俄罗斯的发射场并不那么便捷。这个国家的地理位置决定了其发射基地都设在乡村地区(以及邻近的哈萨克斯坦),若没有提前规划,要前往这些地方并非易事。不过,若你有心解决这些问题,看到俄罗斯"联盟号"(Soyuz)运载火箭升空的机会很大。

俄罗斯境内两个主要的发射基地会定期发射火箭,其他发射场或发射火箭的频率较低,或者更难前往。普列谢茨克航天发射场(Plesetsk Cosmodrome)位于俄罗斯北部,靠近白海,较容易抵达,但在两大主要发射基地中是发射频率较低的。最近的城镇是米尔内(Mirny),不要与西伯利亚东部的同名城镇混淆了。如果你打算在米尔内过夜,需要获得批准。从圣彼得堡出发,驾车13小时可达米尔内;从莫斯科出发,则需要15小时。米尔内附近有机场,是普列谢茨克航天发射场的后勤基地,不对民用飞机开放。普列谢茨克航天发射场主要用于洲际弹道导弹和卫星的发射。

东方航天发射场(Vostochny Cosmodrome)位于俄罗斯远东地区的阿穆尔州(Amur Oblast)。这一新建的发射场旨在降低俄罗斯联邦航天局对哈萨克斯坦拜科努尔航天发射场的依赖程度。但东方航天发射场几乎还没有完成过火箭发射,俄罗斯国内航班以及国际航班都没有前往该地区的班次,访问者只能通过汽车或火车前往。官方称东方航天发射场最终会与旅行社合作,开放航天旅行项目,允许旅行者参观这一极度偏僻的发射场,但现在很难进入。游客可以去参观莫斯科著名的宇航员巷(Cosmonauts Alley)。

如果你计划前往俄罗斯,并且对太空抱有浓厚兴趣,一定要将星城(Star City)列入行程中。自载人航天飞行业开启以来,这一位于莫斯科郊区的基地就是宇航员的培训地。你可以游览这里的各种设施,深入了解俄罗斯太空计划。宇航员巷和宇航学博物馆(Museum of Cosmonautics)是莫斯科必看的景点,重点介绍了载人航天飞行史上有名的宇航员。

重要信息

发射信息:非涉密有效载荷发射信息通常会提前公布,但普列谢茨克航天发射场和东方航天发射场的信息相对较少。

旅行社:没有国际旅行社组织前往普列谢茨克航天发射场和东方航天发射场的团队游。

美国

美国国家航空航天局和私营企业

通过20世纪中期的太空竞赛，美国确立了其在航空航天技术领域的世界强国地位。尽管公众关注度有所降低，但全美仍然有大量相关活动，随着私营公司投身这一市场，每年火箭发射的次数还在继续增加。

要观看火箭发射，你需要提前计划。鉴于发射条件经常会发生变化，要确保行程有足够的灵活性。全美有很多观看火箭发射的机会，尤其是沿海地区，在美国其他地区仍不断有新的航天港冒出来。

佛罗里达太空海岸

佛罗里达的大西洋海岸一直有美国"太空海岸"（Space Coast）的美誉，该地区也以巨大的热情接受了这一称号。在NASA成立初期，佛罗里达的海岸线被认为是理想的发射场地，建造了两个主要的发射场，帮助将人送入太

左起：2011年，"亚特兰蒂斯号"航天飞机执行最后任务前；佛罗里达州基西米草原保护地州立公园内的扇叶棕榈树

前往肯尼迪和卡纳维尔，不妨将佛罗里达的奥兰多作为大本营。可以将黑暗天空目的地加入到你的行程当中：从奥兰多出发，往南驱车2小时就是基西米草原保护地州立公园（**Kissimmee Prairie Preserve State Park**）。这是专门设立的黑暗天空公园，提供一流的观星条件。

重要信息

发射信息：火箭发射是公开的，但在选择免费观看点时，有些因素你得考虑。太空海岸有不少发射台，因此最佳地点不会始终如一，这取决于具体发射台的位置。普拉亚琳达海滩（Playalinda Beach）、泰特斯维尔的太空观景公园（Space View Park）、可可海滩码头（Cocoa Beach Pier）都是很好的选择。发射日经常会出现交通拥堵，停车位很难找，建议你尽早到达观看地点。

空轨道，然后将人送上月球。其中更为人所熟悉——对参观者更为友好——的是肯尼迪航天中心（Kennedy Space Center），以美国第35任总统约翰·F.肯尼迪的名字命名，他热心支持美国探索外太空。该中心有3个发射综合体，还有几处知名的NASA建筑，包括航天器装配大楼（Vehicle Assembly Building，简称VAB）和肯尼迪航天中心访客中心。

在肯尼迪观看火箭发射很简单，中心有几个对访客开放的地点，都能观看火箭发射。在LC-39天文观测台（LC-39 Observation Gantry），能看到标志性的倒计时钟。访客也可以将车停在NASA堤道（NASA Causeway），以安全距离观看火箭发射。在没有发射任务的日子里，火箭爱好者可以探索访客

综合楼，游览火箭花园，参观"亚特兰蒂斯号"（Atlantis）航天飞机，偶尔也会有宇航员现身回答问题、与访客拍照合影。

隔壁的卡纳维尔角空军基地（Cape Canaveral Air Force Station）更与世隔绝，也更为工业化。但由于靠近肯尼迪航天中心，使得这里也几乎能轻松看到火箭发射。卡纳维尔角空军基地有37个发射装置，不过由于是军事基地，访客要想近距离观摩NASA、私营公司在此地进行的发射任务会很困难。

对于那些专程赶来观看火箭发射（并且留出时间以应对因天气引发的推迟）的人而言，太空海岸之旅会让你难以忘怀。

加利福尼亚中部和美国西南部

在美国西海岸，火箭发射或航天飞机升空已经变得越来越常见。位于加州中部海岸、隆波克（Lompoc）外围的范登堡空军基地（Vandenberg Air Force Base）是主要的发射基地。该基地直到不久前还主要用于军事发射，但诸如SpaceX和联合发射联盟（United Launch Alliance，简称ULA）这样的NASA承包商一直在增加太平洋上方的火箭发射次数，而卡纳维尔角的发射任务趋于饱和。随着公众对火箭发射兴趣的增加，隆波克市也迎来了相应规模的旅行热潮。如今，到了有火箭发射的周末，这一地区的酒店就会满员，这种现象变得很常见。有几家网站提供火箭发射日历，能帮助潜在的观看者时刻留意即将到来的发射，并制订好相应的计划。Spaceflight Now（https://spaceflightnow.com/launch-

一架联合发射联盟的三角洲II号火箭从范登堡空军基地太空发射场2号升空

schedule）和Spaceflight Insider（www.spaceflightinsider.com/launch-schedule）这样的公司，甚至包括当地旅游局（https://explorelompoc.com/events）都提供范登堡火箭发射的相关信息。

隆波克以及附近的圣巴巴拉（Santa Barbara）位于太平洋海岸公路（Pacific Coast Highway）沿线，你可以沿着蜿蜒的海岸加州1号高速公路轻松自驾前往。精力充沛的天文旅行者可以在这个地区多停留几日，在观看火箭发射前先体验世界最有名的公路旅行。

在更远的内陆地区，莫哈韦航空航天港（Mojave Air & Space Port）是最早的被许可能水平发射航天飞机（类似飞机起飞，而不是像火箭那样垂直升空）的航天港。在这一位于莫哈韦沙漠的发射场成功完成试发射的包括维珍银河公司（Virgin Galactic）以及"平流层发射"巨型双身飞机（Stratolaunch）。虽然莫哈韦不对公众团队游开放，但航天港每个月都会举办"为飞机疯狂周六"（Plane Crazy Saturdays）活动，里面还有一家餐馆。

而私营太空企业也在努力找寻新翅膀，新墨西哥州的美国航天港（Spaceport America）位于拉斯克鲁塞斯（Las Cruces）附近，常常因为这些企业的缘故推迟发射，已经出了名。这里尚未完成过火箭发射，但航天港仍然可以作为旅行景点。加上罗斯韦尔（Roswell）或宇宙营地（Cosmic

Campground）——都在新墨西哥州——你能进一步了解航天时代美国的进化过程。

瓦勒普斯岛，弗吉尼亚州

由于加利福尼亚州和佛罗里达州规模更大的发射地的存在，瓦勒普斯岛（Wallops Island）常常被忽略，但它是美国东部观看火箭发射的又一个选择。瓦勒普斯岛是弗吉尼亚州大西洋海岸沿线的堰洲岛之一，所以当你前往NASA的瓦勒普斯飞行研究所（Wallops Flight Facility）观看火箭发射时，还可以去附近的钦科蒂格岛（Chincoteague Island）和阿萨提格国家海岸公园（Assateague Island National Seashore）探索一番，看看野生小型马。自1945年建成以来，瓦勒普斯飞行研究所已经完成了16,000次发射，发射目标从轨道火箭和亚轨道火箭到高空气球和无人机，应有尽有。

来瓦勒普斯寻求传统火箭发射体验的天文旅行者应该留意发射名单中是否提及大西洋中部地区航天发射场（Mid-Atlantic Regional Spaceport，简称MARS）的发射计划，这一发射场位于瓦勒普斯飞行研究所内，你最有可能在这里见到火箭升空的景象。MARS的发射通常一年只有一次，所以想去该地区看需要提前制订计划。你也可以去瓦勒普斯访客中心，了解更多NASA的研究以及此地完成的发射。

从范登堡驾车，需要3小时到达位于加利福尼亚州帕萨迪纳市的美国国家航空航天局喷气推进实验室（见144页）。以洛杉矶为大本营，你可以来一趟持续数天的公路旅行，穿过南加州的天文旅行热点。也可以考虑前往位于洛杉矶以东2小时路程的约书亚树国家公园（Joshua Tree National Park），欣赏这一超凡脱俗之地在银河下的景象。

延伸线路

到了华盛顿特区，如果不去美国国家航空航天博物馆（Smithsonian National Air and Space Museum），旅程就不完整。访客可以观看数十种以太空探索和载人航天飞行为主题的展览。

退役的"发现号"（Discovery）航天飞机也得以展出，访客可以进入航天飞机全比例复制的中层甲板一探究竟。

太空旅行
Space Tourism

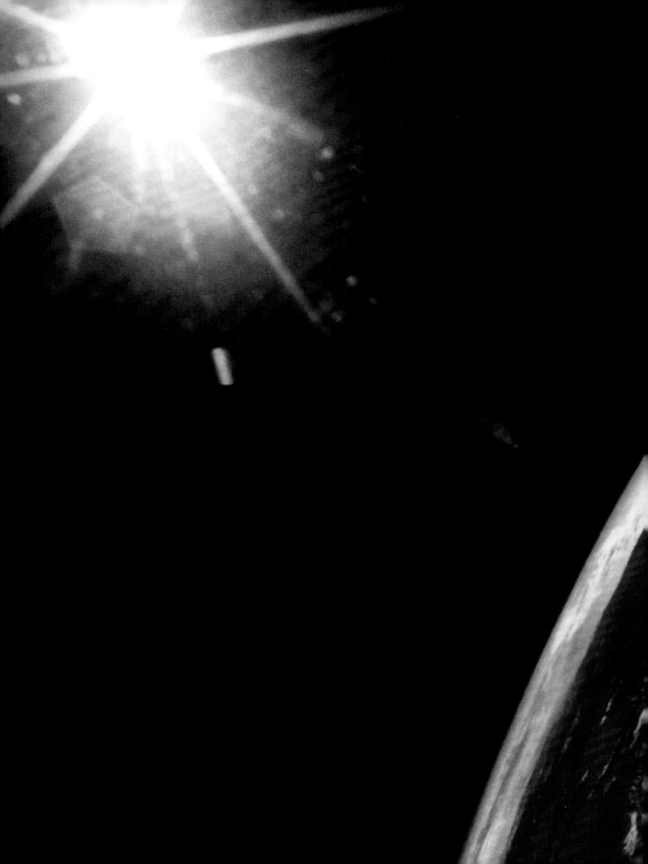

尽管人类凝望夜空的历史已有上千年，一直思考着宇宙星辰和天文现象的含义，试图寻找答案。但直到近代，我们才开始在星际之间穿行的旅程。早期科幻作家——如创作《从地球到月球》（*From the Earth to the Moon*，1865年）的儒勒·凡尔纳（Jules Verne）曾对太空旅行提出了最初的构想，尔后H.G.威尔斯（HG Wells）又在《最先登上月球的人》（*The First Men in the Moon*，1901年）中做了进一步的尝试。由此算起，太空旅行的概念扎根于科幻小说的土壤中仅是一个世纪之前的事。到了20世纪初，随着科学让太空变得仿佛触手可及，"太空剧"题材开始变得愈加流行。

幻想最终成为现实。第一个进入太空的人造物体是1957年升空的苏联人造卫星"伴侣号"。1961年4月，苏联人又取得了另一项第一——他们将宇航员尤里·加加林送入了太空。加加林也是完成环绕地球轨道飞行的第一人。尽管如今太空游客尚在等待太空旅游市场的成熟，但他们也可以去当年苏联将加加林以及其他宇航员送入太空的发射基地——位于哈萨克斯坦的拜科努尔航天发射场（Baikonur Cosmodrome，见258页）一饱眼福。美国同样于1961年将第一位宇航员阿兰·谢泼德（Alan Shepard）送入了太空，1962年宇航员约翰·格伦（John Glenn）又成为环绕地球轨道的第一位美国人。20世纪60年代以及70年代早期"阿波罗号"（Apollo）宇航员们的英雄壮举确保了美国在太空竞赛中的领先地位。1969年，尼尔·阿姆斯特朗（Neil Armstrong）和巴兹·奥尔德林（Buzz Aldrin）完成了人类的首次登月。迄今为止，总共有超过530人进入了太空，其中绝大多数为科学家、研究员和宇航员。

20世纪70年代伊始，无畏的航天商人们开始憧憬一个普罗大众都能进入太空的未来世界。在美国航天飞机项目启动之初，设计师们便设想它可以运送一个最多装载74名乘客的客舱进入太空。但由于"挑战者号"（Challenger，1986年）和"哥伦比亚号"（Columbia，2003年）航天飞机的灾难性事故延缓了可重复使用航天器发射技术的研发，上述计划从未真正实现过。20世纪90年代和21世纪初，一些公司试图开拓太空旅行市场，但技术问题和高昂的成本导致吸引或培育消费者市场几乎成为不可能。

2001年，美国人丹尼斯·提托（Dennis Tito）通过一家名为太空冒险（Space Adventures）的太空旅行机构，以2000万美元的价格订购了一张太空机票，成为第一位太空游客。提托起初预订的是前往俄罗斯"和平号"空间站的票，但该空间站于2001年退役，于是他的行程更改为前往国际空间站。提托在国际空间站上待了7天，其主要工作是协助研究和欣赏太空美景。自那以后，又有6位游客游览过国际空间站，支付的费用从2000万美元到4000万美元不等。

时间来到了21世纪，太空旅行似乎终于有望实现，甚至已经成为现实，但以大多数普通游客的标准来衡量，票价依旧堪称天文数字。私营企业成为太空旅游市场的主要驱动力，其中坚力量包括XCOR、维珍银河（Virgin Galactic）、内华达山脉公司（Sierra Nevada Corporation）、蓝色起源（Blue Origin，为亚马逊创始人杰夫·贝索斯所有）以及伊隆·马斯克的SpaceX，另外还有一些知名度稍低的公司如Zero2Infinity、World View Enterprises和Stratolaunch。在这些公司中，有些依然在运营，还有些已经在尝试推行太空旅游平民化的过程中遭遇失败。依据公司和发射载具的不同，太空旅行的票价在7.5万美元至25万美元之间，即便费用已经降至如此，太空旅行市场目前依然处于起步阶段，有待发展。

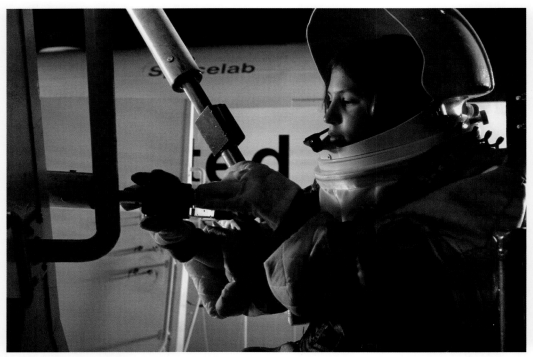

地面太空旅行

宇航员训练和生境模拟

你或许认为，只有离开地球才能体验太空旅行，但事实上我们已经有很多办法在地球上拥有类太空的体验。这一过程通常会包含一些类似于宇航员训练的活动。

失重飞行是其中较为常见的一种地面太空活动。在体验过程中，乘客需要登上一架经过改造的飞机，然后由飞机完成一系列的抛物线飞行，即以45度角接近和远离地面的方式来改变飞行的高度。这种抛物线飞行会产生重力增加和减少的感觉，减少重力用于模拟宇航员在国际空间站、月球（重力为地球的16.6%）或火星（重力为地球的38%）上所能体验到的失重状态。Zero G Corporation是一家对公众开放的失重体验旅行社，它在美国各地都运营着"零重力"航班。

左起：位于美国阿拉巴马州亨茨维尔的太空训练营；魁北克太空馆内展示的太阳系模型

前往亚利桑那州图森市郊外参观生物圈2号（Biosphere 2）的游客，不妨了解一下从1991年到1994年在这里进行过的生物圈实验。当时，8位参与者被密封在这个穹顶构造中，建筑内模拟了地球上主要的气候带环境。生物圈2号原本是要打造一个自我维持的环境，但氧气的逐渐减少意味着必须从外面导入空气。不过，这项实验依然称得上是一个大胆的尝试，探索在外太空构造封闭生态系统来维持人类生存的可行性。后来，美国航空航天局和夏威夷大学又继续运营了一个名为HI-SEAS的类似项目，它主要模拟了火星的环境。在夏威夷莫纳罗亚火山（Mauna Loa）上的一个穹顶结构中，科学家将4位参与者密封在一个特殊的环境中，模拟在火星探测过程中所遇到的种种情况。

另一项活动便是宇航员训练。最为知名的是美国的太空训练营（Space Camp，见147页），但其他一些公共"培训"机构也各有特色，其中就包括加拿大太空馆（Cosmodome）和位于俄罗斯星城（Star City）的俄罗斯太空训练营。在这些机构，参与者可以了解和载人太空飞行相关的科学知识和地面操作。你也可以进入多轴飞行练习器和模拟失重座椅体验旋转运动的感觉，或者在可以模拟国际空间站不同环境的设备中工作。在位于阿拉巴马州亨茨维尔的太空训练营，参与者会在一个游泳池里训练，这种训练方式类似于休斯顿的约翰逊航天中心（Johnson Space Center）所采用的方式。这样的宇航员训练营大多数都对包括儿童在内的所有年龄段参与者开放。

另外还有一些其他有趣的地面太空旅游活动，譬如生境模拟，即参与者前往月球或火星的模拟区域，然后按照在该天体上的环境生活和执行动作（参见边栏以了解更多相关信息）。你也可以体验虚拟现实仿真，这项技术已经非常成熟，使用者会感觉自己真的置身于太空或另一颗星球上。

鉴于太空旅行的活动范围依旧有限，同时高昂的价格让大多数人望而却步，这些地面模拟相当于打开了一扇想象的窗口，我们可以透过它来构想未来人类太空探索的种种可能性。

亚轨道太空旅行

火箭、航天飞机和其他

大多数太空旅行项目都聚焦于所谓的亚轨道太空旅行。亚轨道指的是靠近地球的旅行路线，距离地面仅100~160公里的高度。尽管这样的高度听起来距离遥远，但100公里只到了所谓的卡门线 (Karmán Line)，即地球和太空之间的界线，也就是说达到这样的高度只能算勉强进入太空。亚轨道空间旅行是太空旅行的主要机遇，因为它让乘客从极限高度观赏地球，因而可以看到地球的弧线形状以及保护人类的地球大气层外壳。其基本设想是飞到一个乘客能体验到失重状态的高度，然后停留几分钟或几小时。

现在，各大公司主要采用3种发射技术来实现亚轨道太空旅行：火箭、航天飞机和气球。以蓝色起源为代表的聚焦火箭技术的太空旅行公司，开发了一种火箭和乘客舱，二者可共同发射至太空，然后分离并返回地球。出于成本考虑，蓝色起源计划重复使用每一枚新格伦 (New Glenn) 火箭的第一阶段推进器，该火箭是以先驱宇航员约翰·格伦的名字来命名的。当客舱开始向下坠落时，乘客可以体验到几分钟的失重状态，降落伞和助推引擎将帮助乘客舱实现软着陆。

以飞机为载具的亚轨道飞行是另一种选择。航天飞机可以利用飞机负载技术将乘客舱或火箭带到更靠近太空的位置，使载人进入太空变得更容易，费用也更平易近人。相比通过火箭发射，像维珍银河和Stratolaunch这样的公司更倾向于使用飞机将乘客送到亚轨道空间。通过将一艘航天飞机附加在一架常规飞机的底部，这样就可以实现从更高的高度进行发射，以降低旅行的成本和燃料耗损。维珍银河公司的太空船二号 (Space Ship Two) 不断突破超音速音障，已经抵达80公里的高度，而且设定了更高的飞行目标。

最后一种以气球载人进入太空的方案看似异乎寻常，却最节约成本。

在太空船二号首次展示过程中，维珍银河公司的工作人员正聚拢在"白骑士二号" (White Knight Two) 边上

亚轨道太空旅行公司和票价

蓝色起源：每人约250,000美元

维珍银河：每人250,000美元

Zero2Infinity：每人143,000美元

World View Enterprises：每人75,000美元

太空船二号真的抵达了太空吗？不同的人给出的答案也不相同。维珍银河公司的回答是肯定的，美国的相关机构也确实给那些抵达80公里以上高空的飞行员颁发了宇航员之翼勋章（**Astronaut Wing**）。但负责为国际空间旅行制定标准的国际航空联合会（**FAI**）将太空的界限定为100公里的卡门线，这意味着维珍银河的太空船并非在太空环境中进行试飞。

Zero2Infinity和World View Enterprises等公司已经借鉴气象气球技术，制造出了能够将乘客舱提升至太空的大型气球。你可以想象一下高度最高的高空跳伞之旅。当气球抵达某一特定高度时，它就会破裂，乘客舱开始在降落伞的辅助下向下坠落。在不同的情况下，乘客可以在飞行至最高点的过程中体验到数分钟乃至数小时的失重感。但是购买这些亚轨道太空旅行项目时应该注意，票价相较于体验时长而言依然非常高昂。

轨道太空旅行

空间站

Orion Span太空酒店模块的
模型图

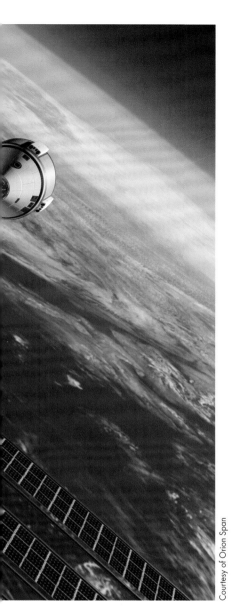

Courtesy of Orion Span

轨道太空旅行超出了亚轨道太空旅行的高度,你可以在环绕地球飞行的过程中体验太空生活。这种高度下的太空旅行通常要持续数天或几周时间,未来的太空游客甚至可以在太空里待上一两个月。

一个显而易见的选择便是以太空游客的身份参观国际空间站(简称ISS)。这是一个复杂的过程,不仅在于昂贵的票价——5500万美元是俄罗斯联邦航天局(Roscosmos)上一次给出的报价,还有行程之前几个月的培训。国际空间站之旅的主要运营公司是Space Adventures,它专门向那些致力于太空旅行且有相应经济能力的客户提供此类行程服务。

尽管挑战重重,但非研究性质的私营太空舱不仅已经入轨,未来几年各大公司还将对其进行持续研发。毕格罗航天(Bigelow Aerospace)是第一家将充气式太空舱模块送至太空的公司,他们在2006年和2007年分别将两个这样的模块发射到太空,并且一直在轨运行。毕格罗航天希望利用这些充气式模块组建一个"太空酒店",供游客在轨旅行较长时间。其他公司,譬如Orion Span也提出了相似的概念。Orion Span希望将自己的极光空间站(Aurora Space Station)送入太空,入住该太空酒店的游客只需支付950万美元就可以享受12天的行程,专门设计的太空舱包括一个全息甲板和瞭望窗口,甚至还有无线网络,房间可容纳2名机组人员和4位太空游客。除此之外,Axiom Space也准备发射自己设计的空间站,他们给出的报价为5500万美元享受8日太空游。以上这3家公司都希望能赶在2022年之前在太空"开张"。

轨道太空飞行可以体验哪些内容?相比亚轨道飞行,轨道太空飞行可以从更远的地方欣赏地球。除此之外,旅行者还能感受到太空的黑暗,有机会看到极光在地球大气层中舞动,每天目睹16次日出和日落,因为太空酒店或空间站可是环绕地球飞行的!

科幻太空探索所虚构的通常都是《火星救援》(The Martian)式的密封地面居留舱,或者科幻经典《2001太空漫游》(2001: A Space Odyssey)中略带偏执色彩的世界,片中人物以此为基地执行星际任务。但如今这些太空旅游公司所设想的方案则更贴近于电影《飞向太空》(Solaris)中的世界,即让空间站固定在一颗遥远卫星的轨道中并环绕其飞行,当然电影中可怕的心理错觉并不包含在内。

从月球到火星

星际计划

月球之外，太空旅行的下一个目的地自然是火星。NASA和私人公司SpaceX等都着眼于在未来数十年中，能够在火星上建立一个永久居留点，这一举措将会催生新的旅游项目。尽管到目前为止，人类只是向火星发射了卫星、探测器和漫游车，但已经掌握了大量关于火星上生命状态以及人类在火星上生存和发展所需条件的知识。人类想要在火星上站稳脚跟，并且建设可支持旅游业的基础设施，可能还需要好几十年时间。另外，飞往火星需要好几个月，所以最好多攒点假期再开始计划去火星度假。

我们迄今所收集到的大部分科学数据都表明，火星曾经是一颗与地球非常相似的行星，这一点对于前往火星旅行非常重要。很多在地球上的冒险旅行体验到了火星会变得更加极端。火星上也有山峰可以攀爬，譬如巨大的奥林匹斯火山（Olympus Mons），它高达25,908米，高耸于火星平原上。水手谷（Valles Marineris）雄踞于火星赤道，它长4025公里，有些地方深达6.4公里，适合探险和攀岩。除此以外还可以去地下探索。火星上到处都是洞穴和地下构造——有些地方可能还保留着对于人类定居至关重要的水或冰。火星上的洞穴探险将有助于人类探索发现，并更好地了解这颗行星的历史。

火星上稀薄的大气导致跳伞和滑翔伞这一类激发肾上腺素的活动在现有技术条件下无法开展，不过这些障碍最终都能得到克服。火星上的重力只有地球的38%，这一有利因素也会带来令人难以想象的新机遇。

上起顺时针方向：SpaceX火星前哨站的设计图；火星地表；NASA HiRISE相机所拍摄的一张火星图片

All images courtesy of Kevin M. Gill

"寻水"（Follow the Water）一直是美国宇航局火星计划的主要目标之一。寻找水源甚至驱使美国宇航局展开了外太阳系探索，木星和土星的某些卫星上的海洋世界可能蕴藏着维持生命存在的潜能。

欧洲火星快车号探测器（Mars Express）通过MARSIS雷达所获得的数据表明，火星上可能还遗留有液态水。探测器的雷达在火星的南极高原（Planum Australe）地区冰盖下方约1.5公里处探测到了一个"明亮的斑点"。科学家认为这一强烈的雷达反射来自液态水——生命在宇宙中存在最重要的必需物质之一。

太阳系和星际旅行

飞向宇宙，探寻无限

左起：欧洲南方天文台的拉西拉观测台；NASA的"卡西尼号"（Cassini）在执行土星任务的设计图

　　飞跃地球、月球乃至火星的太空旅行听起来很激动人心，但我们究竟要去哪儿？美国航空航天局喷气推进实验室（Jet Propulsion Lab）在2018年发布了一组"旅行海报"，描绘了人类穿越太阳系向着遥远宇宙空间进发的梦想。这些海报包括作为旅行目的地的金星、谷神星（Ceres）和土卫二，以及

诸如在木星上欣赏极光或循着"旅行者号"探测器的同样路线来一场"伟大之旅"的体验。虽然海报是以戏剧化的夸张手法描述了未来人类可能会经历的太空旅行，但它们激活了人类向着更浩瀚宇宙前进的野心。

　　喷气推进实验室的设计师们也为更加遥远的系外行星创作了旅行海

报。随着探测技术的不断进步，人类已经发现了大量的系外行星，其中就包括所谓的"超级地球" HD 40307 g，它位于绘架座附近，距离地球42光年。这颗类地行星是围绕着橙矮星 HD 40307 运行的已知6颗行星中的一颗，科学家们认为它正好处于其恒星的"宜居带"内，即近到足够接收到温暖的辐射，但又不至于被烤焦。HD 40307 g的质量是地球的6倍，如果有朝一日人类能造访这颗系外行星，我们会发现它上面的重力要比地球强得多。欧洲太空天文台（European Space Observatory）位于智利阿塔卡马沙漠（见121页）的拉西拉天文台（La Silla）拥有陆基行星探测仪

HARPS，利用它再加上开普勒太空望远镜和凌日系外行星勘测卫星（TESS），天文学家已经发现了成百上千颗系外行星，而HD 40307 g只是其中之一而已。

虽然很难想象星系探索究竟会将我们带向何方（超越柯伊伯带还是超越银河系？），但毫无疑问太空旅游会追随者科学家和宇航员们的脚步逐渐兴起。这话听起来有些像天方夜谭，但从凡尔纳和威尔斯创作人类登陆月球的科幻故事到真正实现登月，也才过去一个世纪而已。在我们的有生之年，整个宇宙都有可能对探险家和旅行者敞开怀抱。

NASA最近的载人空间探索计划集中在猎户座（Orion）上，这艘载人飞船是为进入人类从未涉足的太阳系深处而设计的。宇航员们的使命是要验证在载人状态下，飞船所有系统在实际宇宙深空环境中能按设计运转。"在这次任务中，我们安排了很多测试，目的就是演示关键功能，包括任务规划、系统性能、机组界面以及深空导航和引导，" NASA副行政主管比尔·希尔（Bill Hill）说，"它有点类似于水星计划、双子座计划和阿波罗计划，都是在执行一系列任务的过程中逐渐积累，并且显示出其潜能的。"

Conclusion 结语

这本书或许让你觉得需要日行万里才能看到太空和暗夜的奇观，而事实上，待在家里也能成为一名观星旅行者。大多数城市都有太空博物馆、天文台、天文馆、天文俱乐部，乃至几处黑暗天空区域，完全不必登上飞机就可以享受观看星星的乐趣。同样，你也不必特意安排一趟专门的观星之旅——在日常活动中加入一项参观天文馆或博物馆的行程，或是在白天的游玩结束后安排一次夜间观星，都是很容易的事情。提前了解太空或天文游览项目，带上可能用到的观星装备，对你的旅行将大有裨益。

随着保护黑暗天空行动的日益发展，越来越多地区开始致力于减少光污染，未来可供观赏恒星、行星、银河系乃至更广阔宇宙之美的地方也将越来越多。同样可以预期的是，将有更多聚焦太空体验的旅行项目和目的地随之涌现。本书中提到的一些目的地（如智利的圣佩德罗德阿塔卡马、摩洛哥的梅尔祖卡和埃尔谢比）已经开始着力将天文与观星活动打造为主要旅游项目。除此以外，还有其他地方受益于此，通过太空体验项目吸引旅行者，比如美国佛罗里达的太空海岸。而2024年北美全境和2026年欧洲境内的日食现象势必吸引旅行者前往。在未来数年内，此类旅游市场还会继续增长。希望在旅程中加入太空体验，甚至希望体验纯天文游览的旅行者也将拥有越来越多的选择。

就太空旅行而言，尽管目前的价格令人咋舌，似乎只有超级富豪才可能负担，但在未来10年内，这一项目的价位也有望趋于普通消费者可以接受的范围。与大多数新的旅行目的地和旅行体验一样，太空旅行的花费必将随着科技进步、更广泛的接受度和更成熟的行业发展水平而降低。南极洲曾经看来遥不可及，如今却成为越来越多人一生一次的旅行选择。同样，也许有一天，你会登上一艘发往近地轨道、月球甚至火星的火箭。

无论在日常生活中我们选择何种方式体验太空，最有价值的是获取对事物客观而正确的认知。眺望夜空能给人带来许多影响，其中最强有力的一项是，让我们更深切地理解，在茫茫宇宙中，我们身处的这颗星球是多么珍贵而独特。这个星球是个充满了奇迹的大家伙，也是我们唯一的家园（到目前为止！），我们应当好好照顾它。所以在亲身体验过太空奇观后，你会发现自己开始更加关注环境和资源保护。在亲眼目睹了银河、极光、日全食后，被其壮美深深触动从而心生敬畏、感到谦卑，这是很正常的反应。如果太空旅行能够让更多人参与到保护我们的地球家园之中来，我们的未来必将更加光明，暗夜中的繁星也必将更加璀璨。

Index 索引

幕 后

关于本书

这是Lonely Planet《夜观星空——旅行者的天象书》的第1版。

本书的作者为瓦莱丽·斯蒂麦克。

本书为中文第1版，由以下人员制作完成：

项目负责 关媛媛

项目执行 丁立松

翻　译 陈薇薇　徐黄兆　杨　巍

内容策划 隗平凡（本土化）、沐昀（本土化）、
刘博洋（拉页）、涂　识

视觉设计 刘乐怡　李小棠

协调调度 沈竹颖

总　编 朱　萌

执行出版 马　珊

责任编辑 林紫秋

特约编辑 米　迪

编　辑 叶思婧

流　程 孙经纬

排　版 北京梧桐影电脑科技有限公司

感谢郭璇、周喻对本书的帮助。

声明

封面图片来自© Paul Zizka / Aurora Photos，版权信息见各页。

说出你的想法

我们很重视旅行者的反馈——你的评价将鼓励我们前行，把书做得更好。我们同样热爱旅行的团队会认真阅读你的来信，无论表扬还是批评都很欢迎。虽然很难一一回复，但我们保证将你的反馈信息及时交到相关作者手中，使下一版更完美。我们也会在下一版特别鸣谢来信读者。

请把你的想法发送到china@lonelyplanet.com.au，谢谢！

请注意：我们可能会将你的意见编辑、复制并整合到Lonely Planet的系列产品中，例如旅行指南、网站和数字产品。如果不希望书中出现自己的意见或不希望提及你的名字，请提前告知。请访问lonelyplanet.com/privacy了解我们的隐私政策。

夜观星空——旅行者的天象书

中文第一版

书名原文：*DARK SKIES*
（1ˢᵗ Edition，Sept 2019）
© Lonely Planet 2020
本中文版由中国地图出版社出版

© 书中图片由图片提供者持有版权，2020

图书在版编目(CIP)数据

夜观星空：旅行者的天象书 / 澳大利亚Lonely
Planet公司著；陈薇薇，徐黄兆，杨巍译. -- 北京：
中国地图出版社，2020.6
书名原文：Dark Skies
ISBN 978-7-5204-1662-7

Ⅰ.①夜… Ⅱ.①澳…②陈…③徐…④杨… Ⅲ.
①天文观测－普及读物 Ⅳ.①P12-49

中国版本图书馆CIP数据核字（2020）第071879号

出版发行	中国地图出版社
社　　址	北京市白纸坊西街3号
邮政编码	100054
网　　址	www.sinomaps.com
印　　刷	北京华联印刷有限公司
经　　销	新华书店
成品规格	185mm×240mm
印　　张	20.25
字　　数	534千字
版　　次	2020年6月第1版
印　　次	2020年6月北京第1次印刷
定　　价	168.00元
书　　号	ISBN 978-7-5204-1662-7
图　　字	01-2020-0976

如有印装质量问题，请与我社发行部（010-83543956）联系